中国传统手工技艺丛书

山石韩叠山技艺

韩雪萍　著

北　京　出　版　集　团
北京美术摄影出版社

图书在版编目（CIP）数据

山石韩叠山技艺 / 韩雪萍著. — 北京 ：北京美术摄影出版社，2020.12
（中国传统手工技艺丛书）
ISBN 978-7-5592-0414-1

Ⅰ. ①山… Ⅱ. ①韩… Ⅲ. ①叠石—园林艺术—中国②堆山—园林艺术—中国 Ⅳ. ①TU986.44

中国版本图书馆CIP数据核字(2021)第010975号

责任编辑：赵　宁
执行编辑：班克武
装帧设计：金　山
责任印制：彭军芳

中国传统手工技艺丛书

山石韩叠山技艺

SHANSHI HAN DIESHAN JIYI

韩雪萍　著

出　版　北京出版集团
　　　　北京美术摄影出版社
地　址　北京北三环中路6号
邮　编　100120
网　址　www.bph.com.cn
总发行　北京出版集团
发　行　京版北美（北京）文化艺术传媒有限公司
经　销　新华书店
印　刷　天津联城印刷有限公司
版印次　2020年12月第1版第1次印刷
开　本　710毫米×1000毫米　1/16
印　张　16
字　数　200千字
书　号　ISBN 978-7-5592-0414-1
定　价　68.00元

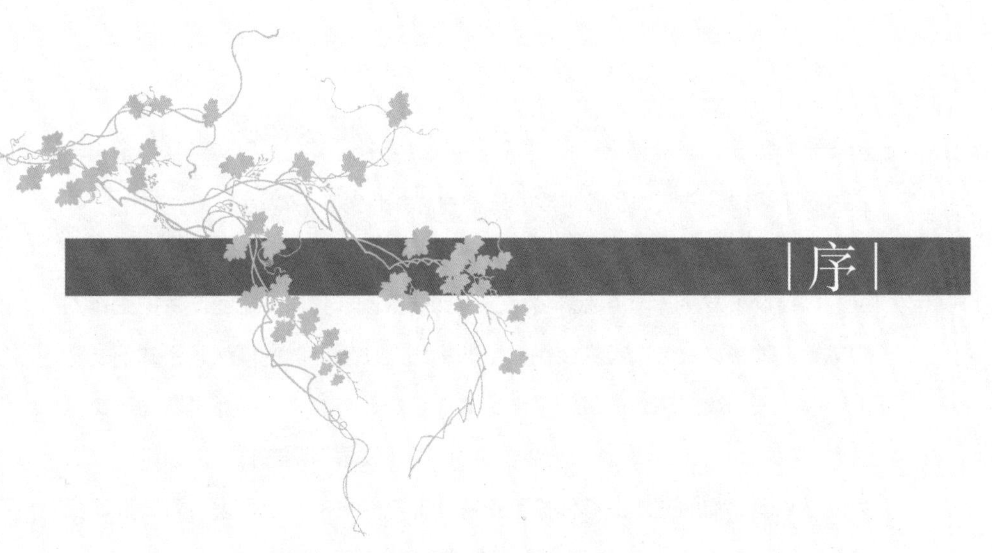

序

2005年我国非物质文化遗产保护工作正式启动，至今已经走过15个年头。如今，“非物质文化遗产”早已深入人心，成为全社会广泛关注的热点话题。

10余年来，我国非物质文化遗产保护工作取得了十分丰硕的成果，特别是《非物质文化遗产法》的颁布施行，使我国有关非物质文化遗产保护的方针政策上升为国家意志，有关非物质文化遗产保护的有效经验上升为法律制度，各级政府部门对非物质文化遗产的保护职责也上升为法律责任，标志着我国非物质文化遗产保护工作的法律制度、工作体系的进一步完善。目前，我国已拥有人类非物质文化遗产项目42项（含代表性项目34项，急需保护项目7项，最佳实践项目1项），项目总数位居世界第一；拥有国家级非物质文化遗产代表性项目1372项，拥有国家级非物质文化遗产代表性传承人3068位；全国各省（区、市）也公布了省级代表性项目15550项，省级代表性传承人14928位，标志着我国非物质文化遗产名录体系更加趋于完善。

其实，我国最早启动的是一项有着明确时间段的保护工程。2003年4月，这项名为“中国民族民间文化保护工程”的工作开始酝酿；同年10月，文化部在贵州主持召开“全国民族民间文化保护工程试点工作会议”，使这项工程进入操作阶段；2004年4月，文化部、财政部正式发布《关于实施中国民族民间文化保护工程的通知》，随文下发了《中国民族民间文化保护工程实施方案》，明确提出这项“工程”从2004年至2020年实施，整个工程分为三个阶段，并明确了各阶段的主要目标和任务。

2005年6月，文化部在北京召开“全国非物质文化遗产保护工作会议”，会议下发了《国务院办公厅关于加强我国非物质文化遗产保护工作的意见》。就是这次会议首次使用了“非物质文化遗产”的提法，正式下发了首个以“非物质文化遗产保护工作”为内容的政府文件，确定了非物质文化遗产“保护为主，抢救第一，合理利用，传承发展”的方针。应该说，这次会议是我国非物质文化遗产保护工作初期非常重要的一次会议，对于推动我国非物质文化遗产保护工作有着十分重要的意义。

在我理解，“非物质文化遗产保护工作”的提出，至少有4个方面的意义：第一，用“非物质文化遗产保护工作”替代原有的“中国民族民间文化保护工程”的提法，将原来的“中国民族民间文化保护工程”并入“非物质文化遗产保护工作”，成为其“重要的组成部分”，明确了二者之间的关系；第二，非物质文化遗产保护工作的定名，将原来有着明确时间界定的“工程”变为一项长期的日常性“工作”，“工程”向“工作”的变化，充分体现了党和政府对非物质文化遗产保护工作的高度重视；第三，原来“民族民间文化”保护的工作范围，主要是群众文化所涉猎的民间文学、音乐、舞蹈、戏剧、曲艺、民俗等民间文化艺术的内容，而“非物质文化遗产”不仅仅是表述方式的改变，其内涵和外延都扩大了，特别是明确地将传统美术、传统医药等内容纳入非物质文化遗产的保护范围；第四，将我国的非物质文化遗产保护工作与联合国《保护非物质文化遗产国家公约》、“人类口头及非物质遗产代表作”的评审进一步接轨，并且为我国非物质文化遗产的规范立法做了必要的基础性准备。

2005年12月，国家文件升格，由国务院下发《关于加强文化遗产保护的通知》，首次将非物质文化遗产保护与物质文化遗产（文物）保护放到了同等重要的位置，并确定每年6月的第二个星期六为全国“文化遗产日”（2017年改为“文化和自然遗产日”）；2006年2—3月，由文化部九部委联合在中国国家博物馆举办“中国非物质文化遗产保护成果展”，这是我国举办的首个以“非物质文化遗产”定名的全国性展览；2006年6月，国务院正式批准公布第一批国家级非物质文化遗产名录，随后各层级的名录也陆续公布，标志着我国非物质文化遗产保护名录体系的初步建立；2007年6月，文化部又公布了第一批国家级非物质文化遗产代表性传承人，表彰了一批非物质文化遗产保护的先进工作者、先进集体和先进个人。直至2011年2月第十一届全国人大常委会表决通过《非物质文化遗产法》，将我国非物质文化遗产保护工作推进到一个新的阶段。

近年来，我国非物质文化遗产保护工作越来越得到党和政府的高度重视。2017年习近平总书记多次就文化遗产保护问题做出重要指示。同年，国务院办公厅转发文化部等部门制订的《中国传统工艺振兴计划》，使我国非物质文化遗产保护不断向纵深发展，对我国传统工艺的振兴有着巨大的推动作用。

由北京美术摄影出版社组织编纂的这套“中国传统手工技艺丛书”，正是在这样的背景下出版发行的。本丛书（第二辑）收录了《聚元号弓箭制作技艺》《琉璃烧制技艺》《京作硬木家具制作技艺》《山石韩叠山技艺》4个非物质文化遗产“传统技艺”类项目，都是我国传统工艺中的经典之作。

“聚元号弓箭制作技艺”是首批国家级非物质文化遗产名录项目，具有很高的保护价值。2006年杨福喜继承父业，成为“聚元号”第十代传承人，并借助国家传承保护非物质文化遗产的契机，使“聚元号”弓箭制作技艺得到了有效传承。“聚元号”弓箭以制作复合弓为主，内胎为竹，外贴牛角、内贴牛筋、两端安装木质弓梢。此种弓在释放后会缓慢呈反曲弧形，属中国“北派”弓箭制作技艺。

“琉璃烧制技艺”是第二批国家级非物质文化遗产名录项目，史上琉璃渠烧制的琉璃一直为宫廷御用，被朝廷视为正宗琉璃。清代，完成一件琉璃制品需经过20余道工序，10多天方能完成，故形成中国标准官式琉璃烧制之法，其制品具有远观有势、近看有形、线条优雅、装饰精巧、色彩秀美、寓意深刻六大特点。现在，琉璃烧制技术的釉色配方、火候控制等技术含量高的工序一般都由琉璃渠村人亲自完成。

“京作硬木家具制作技艺”也是国家级非物质文化遗产名录项目，是具有皇家气派的京作技艺。其制品为榫卯结构，所有连接处均不施一钉，且采用的独特的烫蜡工艺，能显示木材的自然美感。龙顺成京作硬木家具以造型庄重典雅、雕饰细腻美观著称，其纹饰广泛使用祥瑞题材，形成雍容、大气、绚丽、豪华、繁缛的京作硬木家具风格，被称为家具中的“官窑”，有着“百年牢”的美誉。

“山石韩叠山技艺”是北京市级非物质文化遗产名录项目。韩雪萍为韩氏家族第四代传承人。她继承祖辈造园技艺，并有了创新发展，提出了现代假山“幽、静、雅、韵、秀”的审美标准以及“横纹竖码”的叠山形式。山石韩叠山技艺在工序上可分为“基础、相石、堆叠、刹垫、镶缝、勾缝、绿化”等步骤，总结出假山堆叠的“三安”“三远”“十字诀”等造园叠山理念和手法，在我国造园叠山领域占有突出位置。

《中国传统工艺振兴计划》明确提出：人民群众在长期社会生活实践中共同创造的传统工艺，蕴含着中华民族的文化价值观念、思想智慧和实践经验，是非物质文化遗产的重要组成部分。振兴传统工艺，有助于传承与发展中国优秀传统文化，涵养文化生态，丰富文化资源，增强文化自信。相信在我国重视保护中华优秀传统文化的时代背景下，随着非物质文化遗产保护工作的进一步推进，我国传统工艺保护一定会取得更加丰硕的成果。

是为序。

石振怀

2020年9月14日

（作者为北京文化艺术活动中心研究馆员、北京民间文艺家协会副主席，原北京群众艺术馆副馆长、《北京志·非物质文化遗产志》原主编）

前言

技术让生活如意，艺术让生活惬意。

人们最初对居住的要求是挡风防寒、遮雨蔽日，随着社会的进步、文明的发展，人们不满足于简单的生存需求和生理舒适，而是进一步追求视觉上的愉悦和精神上的寄托，于是对居住环境的美化就成为必然，经过数千年的演变，从而产生了赏心悦目的观赏园林。英国16世纪著名哲学家培根说过："文明人类先建美宅，营园较迟，因为园林艺术比建筑更高一筹。"[1]

我国是一个多山的国家，山地虽然不便于耕作和交通，却因其壮美的风景、丰富的物产和博大的胸怀，受到了古代先哲和文人的喜爱。孔子说："智者乐水，仁者乐山。"王羲之说："穷诸名山，泛沧海，叹曰：'我卒当以乐死！'"李白诗云："五岳寻仙不辞远，一生好入名山游。"王安石《石门亭记》："广大茂美，万物附焉以生，而不自以为功者，山也。"这种思想体现在我们的营造中，便成就了中国独特的"山水园林"，是山皆有景，是景皆有山。假山是山水园林的精髓，几乎贯穿于中国园林发展的全过程。在世界三大园林体系中，唯有中国园林取法于自然山水，并加以抽象的概括和艺术的再现，从而影响了日本、朝鲜、越南等国家的园林，甚至近代的欧洲造园。

壮丽的自然山水孕育出了中国园林的形式，深厚的传统文化又为中国园林注入了内涵，隐逸和禅宗是中国山水园林的重点表现题材。翁同龢拙政园待霜亭联："葛巾羽扇红尘静，紫李黄瓜村路香。"沧浪亭闲吟亭联："千朵红莲三尺水，一湾明月半亭风。"虎丘悟石轩联："烟霞常护林峦胜，台榭高临水石佳。"陆游《闲居自述》诗："花如解语还多事，石不能言最可人。"这种空灵淡远、清静敦厚的意境，也唯有山林泉石才能承载和体现。因此中国园林素有"无石不成园"之说，山石在园林中既可叠山又可孤赏，还能够散点、作器、挡土护坡，而将天然山石组合成景的人就是山匠，所以山匠在中国古典造园中是不可或缺的。据现有资料，最迟在北宋时期，山匠已经是一个专门的职业，但由于古代能够出资造园的不是皇亲国戚就是巨商富贾，普通百姓是造不起园林的，市场需求有限和行业的冷僻，使近千年来职业山匠不过十数人，能够终身从业、世代相传的，从古至今也只有三四家而已，并且这些山匠多是一朝一家，很少同世并存。如今"南韩北张"的"山石张"一脉已不传，独"山石韩"至今传承四代未曾中断。

山石韩的第一代、第二代人处于中国贫弱之时，那时国力衰弱、战乱频仍、民不聊生，先辈以修园补景为业，勉强糊口谋生。山石韩第三代虽成长于中华人民共和国，从业于新社会，但国家久乱图治、百废待兴，政府重在恢复国计民生、解决人民温饱，尚无大规模美化环境之能力，父辈空怀屠龙之技望园兴叹，甚至被迫改行。改革开放后，社会安定、经济发展，居住条件日益改善，人们对居住环境的要求也日益提高，已不满足于简单的绿化和整洁。有山有水有意境的园林景观，成为大家共同的追求。正是在这样的大环境下，才有了我们山石韩第四代人的发展机遇。20世纪90年代，我继承祖业，成立了北京山石韩风景园林工程有限公司，在国家大力改善城市环境，发展文化产业的背景下，完成了北京市会议中心花园、中银大厦室内花园、国家大剧院内庭花园、奥林匹克森林公园“林泉高致”景区等众多园林项目，受到业界和建设单位的一致好评。与我的祖辈们相比，我庆幸自己生活在一个和平发展的时代。我父亲曾经对我说：“造园叠山要有太平盛世，兵荒马乱是没有人造园的。”所以干我们这一行的人，最希望国家强盛、社会和谐、经济发展、民生富足。

山石韩自晚清传承至今，已有150多年的历史，虽创于吴门、兴于江南，但其作品却遍布大江南北，名声也早已享誉行业内外，甚至走出国门，在美国、加拿大、德国都留下了叠山作品。我深知，我们的每一点成绩，与政府和社会的支持是分不开的。在新的历史时期，山石韩将一如既往，秉承祖训“传祖辈之艺，学他人之长，精专一之道，谋长远之事”的一贯宗旨，大力弘扬民族文化，继承前人的优秀技艺，脚踏实地、精益求精，以实际行动践行“工匠精神”，为国家培养出更多的传统技艺人才，为中华民族的伟大复兴，做出我们自己的一份贡献！

韩雪萍

2020年8月

注释：

［1］ 童寯：《童寯文集》，中国建筑工业出版社2000年版。

目录

第一章

山石韩叠山的历史渊源

第一节

中国山水园林

中国园林，也称“山水园林”，其最典型的特征就是假山的运用，这在世界其他类型的园林中并不多见。虽然日本、韩国以及一些东南亚国家的园林中也有假山，但都是源自古代中国，只能算中国山水园林的分支，并不是独立的园林体系。

在一定的地域，运用工程技术和艺术手段，通过改造地形（或进一步筑山、叠石、理水）、种植树木花草、营造建筑和布置园路等途径创作而成的美的自然环境和游憩境域，就称为园林。“园林”这个词出现于魏晋，西晋张翰有“暮春和气应，白日照园林”[1]、东晋陶渊明有“静念园林好，人间良可辞”[2]的诗句。中国是个多山的国家，山岳占中国国土面积的2/3，因而造就出了一系列山水文化，如山水诗、山水画、山水园林等，山水对我们的文化、审美都产生了重要影响。中国山水园林的历史有2000多年，它能够经久不衰发展至今，绝不是偶然的现象，我们追寻它的起源，可发现和找到4个文化来源。

一、先秦诸子的山水之乐

孔子说：“智者乐水，仁者乐山。”孔子喜爱山水，是因为他对山水有着深刻的理解。孔子“登东山而小鲁，登泰山而小天下”，绝不是陶醉在眼前的美景之中，流连于登山的自然之乐，而是通过对山水的观察和体验，将登山临水上升到哲学层面，赋予山水深刻的思想内涵。《论语・子罕》中记载："子在川上曰：'逝者如斯夫，不舍昼夜。'"我们也不能简单地从字面上来理解孔子的感叹，奔腾的黄河之水固然壮观，但孔子是借一去不复返的黄河之流水，感叹生命的短暂和历史长河的浩瀚。

老子说："上善若水，水善利万物而不争。"是言最高境界的善，就像水的品格一样，润泽万物而不争名利。水无处不在，但又不彰显自己的存在，在老子看来是最接近道的。老子还说："天下莫柔弱于水，而攻坚强者莫之能胜。"虽然水看上去是最柔弱的东西，然而只要它坚持不懈，就能水滴石穿、以弱胜强、以柔克刚。

另外，管子说："海不辞水，故能成其大；山不辞土石，故能成其高。"[3]韩非子言："太山不立好恶，故能成其高；江海不择小助，故能成其富。"都是以山水博大的胸怀，赞扬谦逊的品格。

从圣贤先哲的思想中可以看出，山水文化自先秦时起，就已融进了中华民族的血液，它不单是先贤们对自然山水的赞颂和审美，更是他们思想的源泉和精神的寄托。可以说，山水文化自古就是中华民族文化的一个组成部分。

二、秦汉帝王的海上仙山

"蓬莱仙山"之说，是园林假山的另一个文化源头，起源于先秦诸子之说，距今已有2500多年的历史。《列子・汤问》中写道："渤海之东，不知几亿万里，有大壑焉……其中有五山焉：一曰岱舆，二曰员峤，三曰方壶，四曰瀛洲，五曰蓬莱。其山高下周旋三万里，其顶平处九千里。"《史记・封禅书》载："自威、宣、燕昭使人入海求蓬莱、方丈、瀛洲。此三神山者，其传在勃海中……诸仙人及不死之药皆在焉。其物禽兽尽白，而黄金银为宫阙。未至，望之如云；及到，三神山反居水下；临之，风辄引去，终莫能至云。”[4]文中所言“三神山”的概念，来自当时的齐地，也就是山东半岛的东部，蓬莱沿海由于地理及气候的原因，常会出现海市蜃楼现象，在自然科学不发达的年代，古人对这种自然奇观无法解释，因而幻想其上必有仙人、神兽居住，是常人难以到达的神仙洞府，尤其以“不死之药”的传言，最让古代帝王们魂牵梦萦、朝思暮想。《海内十洲记》也记载祖洲、瀛洲、炎洲、玄洲等十洲都在大海深处，这10个洲上遍布各种奇花异树、神兽仙人以及长生不老之草。秦统一中国后，秦始皇为了长生不老，派徐福等方士数次出海求仙，寻找不死之药。[5]历史上第一个造三神山的就是秦始皇，据《史记》记载，秦始皇建都咸阳以后，引渭水为池，筑蓬莱、瀛洲于水中，此开园林“一池三山”之先河。[6]汉武帝刘彻也以“一池三山”的理念，于建章宫北建太液池，池中造瀛洲、蓬莱、方丈三山，又造“仙人承露”承接天降甘露，以求长生不老，现北京北海和圆明园中还立有“仙人承露”铜人像。“一池三山”的理念一直延续到清代，北

古画中的海上仙山

▎海上仙山，石涛《海屋奇观图》，无锡博物馆藏

京皇家园林颐和园、圆明园湖中的小岛，都有海上仙山的影子。

三、佛教、道教的修行避世

佛教和道教虽然在偶像和教义上不同，但都把自然山水当作修行避世的场所。对于信仰的虔诚和对长生不老的追求，成为僧人、羽士隐于山水之中的原动力，他们是人文山水最早的改造者和建设者。佛教有五台、峨眉、普陀、九华四大名山，又有龙门、敦煌、云岗、大足、天龙山等十大石窟；道家有十大洞天、三十六靖庐、七十二福地。我们现在山水名胜的概念，都形成于佛教和道教对于山水的审美。正如宋代赵抃诗云："可惜湖山天下好，十分风景属僧家。"

道教主张道法自然，追求羽化成仙、长生不老，所以道观建筑大多建在深山中，选址利用天然奇景，顺势而为，建筑布局也比较自由，似仙山楼阁，以便作为与神仙沟通的佳境迎接天上仙人下凡。园林假山中的山洞和天台便是源自道教学说。北宋末年，宋徽宗在开封建造大型园林假山艮岳，即受此影响。

佛教的"寺"本是官府机构的名称，《汉书·元帝纪》注曰："凡府廷所在，皆谓之寺。"汉明帝时印度高僧摄摩腾与竺法兰来到洛阳，官府首先将他们安顿在白马寺，此后"寺"便成为僧居修行、参禅礼佛之所。当时的寺庙大多建在城市，直到唐代佛、道融合，城市也随之逐渐繁华、喧嚣日盛，僧侣为求清静，开始避居深山。

正如明代袁宏道所言："山容水意，别是一种趣味。此乐留与山僧游客受用，安可为俗士道哉！"[7]

四、文人雅士的清高隐逸

儒、法主张维护礼法、积极进取，老、庄提倡小国寡民、无为而治，从本质上来说都是入世的，两种思想只是在经国济世的理念上有所

苏州灵岩山的著名佛寺灵岩寺，清刊《乾隆巡幸江南胜迹图》

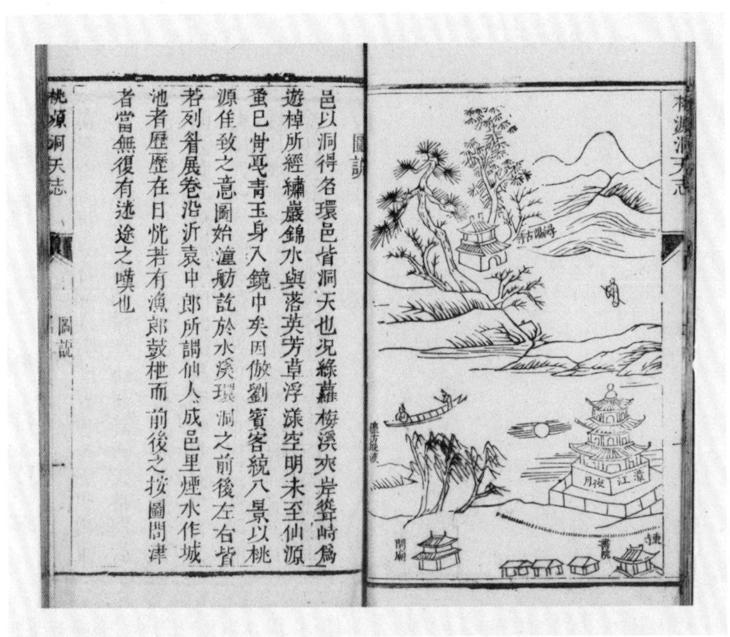

圖說

邑以洞得名環邑皆洞天也况絲蘿梅溪夾岸聳峙為遊棹所經繡巖錦水與落英芳草浮漾空明未至仙源蚤已[illegible]覓青玉身入鏡中矣因倣劉賓客統八景以桃源佳致之意圖始瀘舫說於水溪環洞之前後左右皆若刻肴展卷沿泝袁中郎所謂仙人成邑里煙水作城池者歷歷在目恍若有漁郎鼓枻而前後之按圖問津者當無復有迷途之嘆也

桃源洞天志 圖說

武当山金殿，清乾隆九年（1744 年）《大岳太和山纪略》

不同。但有一点他们是相同的，即对仕途官道都不勉强。老子说：“君子得其时则驾，不得其时则蓬累而行。”[8]孔子说：“用之则行，舍之则藏。”[9]庄子说：“当时命而大行乎天下，则反一无迹；不当时命而大穷乎天下，则深根宁极而待，此存身之道也。”[10]孟子说：“达则兼济天下，穷则独善其身。”古代中国的国家体制是家天下，士人只有“仕”和“隐”两条路，仕就是为帝王所用，入朝做官；隐即远离政治赋闲隐居，渔樵耕读，吟诗作画，是为自得其乐。仕和隐的外部条件就是孔子说的“天下有道则见，无道则隐”。[11]所以鲁迅先生说：“中国是隐士和官僚最接近的。”[12]作家蒋星煜先生曾做过一个统计，历史上中国的隐士不下万人，即使是事迹言行在历史上有明确记载的也不少于千人。[13]

当天下无道时，士人便投入自然的怀抱，寄情于山水，钟情于草木，感受天地万物之美，追求思辨格物之道。在壮美幽深的山水间，最能展现出士人的清高和超脱。从陶渊明开始，山居隐逸便成为士人阶层向往的生活状态。“采菊东篱下，悠然见南山”，不但具有文学艺术上的审美意义，还具有现实生活中自由浪漫、返璞归真的生活情趣。此后，“桃花源”便成为中国造园的常见主题，经常出现在山水园林中，如“小桃源”“此是桃源”“桃源深处”等，甚至在清代的皇家园林中也有“武陵春色”“桃源深处”等景区，足见其影响之深远。

山水园林的上述4个文化来源，经过千百年数个朝代的演化，最终凝结成一个“隐”字，“隐”是中国山水园林的灵魂和主要表现题材。中国江南的私家花园、清代皇家行宫园林，以及日本寺庙的禅意园林都是如此，仅是在造园规模和豪华程度上有所区别，正所谓“曲径通幽处，禅房花木深”。

中国山水园林的传承与发展，还缘于古人对于园林近乎病态的迷恋。汉代董仲舒为了专心治学，抵御园林美景的诱惑，竟在其屋内挂

▌陶靖节先生小像。清道光十九年（1839 年）《靖节先生集》

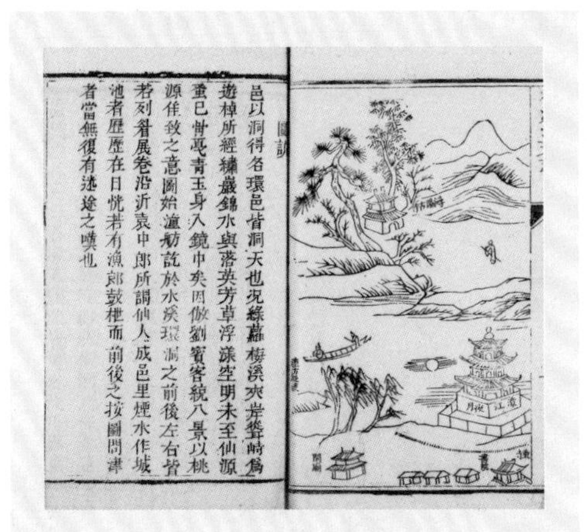
圖説
邑以洞得名環邑皆洞天也况綠蘿梅溪夾岸聳峙爲遊棹所經繡巖錦水與落英芳草浮漾空明未至仙源壺已覺亟青玉身入鏡中矣因倣劉賓客統八景以桃源作致之意圖始漁舫訖於水溪環洞之前後左右皆若列眉展卷沿泝袁中郎所謂仙人成邑里煙水作城池者歷歷在目恍若有漁郎鼓棹而前後之按圖問津者當無復有迷途之嘆也

▌桃源图。清乾隆十九年（1754 年）刊《桃源洞志》

帐垂帘3年不曾卷起，可见其内心对园林的喜爱和向往。晋代画家吴逵说：“若无花月美人，不愿生此世界。”[14]唐代的田游岩自称“泉石膏肓，烟霞痼疾”，意思是贪恋泉石、烟霞，病得不轻，已不可救药。唐代李德裕告诫子孙说：“鬻吾‘平泉’者，非吾子孙也。”[15]据《清稗类钞》记载，乾隆末年，乾隆皇帝曾考虑将帝位传于十七子永璘，永璘闻罢说道：“天下至重，何敢妄觊！惟冀他日将和珅邸第赐居，则愿足矣。”嘉庆皇帝亲政后，便将和珅的宅园赐给了不爱江山爱园林的永璘。历史上更有痴迷者，临死还把园林放在心上，据唐代冯贽《云仙杂记》记载：“裴令临终告门人曰：‘吾死无所系，但午桥庄松云岭未成，软碧池绣尾鱼未长，《汉书》未终篇，为可恨尔！’”山水园林正是因为有了如此着迷的追捧者，才得以有千年不断的继承和发展。

在当今繁华喧嚣的社会，物质生活极大丰富，人们生活在钢筋水泥的都市森林中，常常处于忙碌和紧张的状态，古典山水园林作为闹市中的一片净土，山静水幽、鸟语花香，有着安定思绪、净化心灵的作用，

为我们保留了一处凝神和冥想的空间，在大力倡导和弘扬中国传统文化的今天，古典山水园林正在重新回归高端和经典。

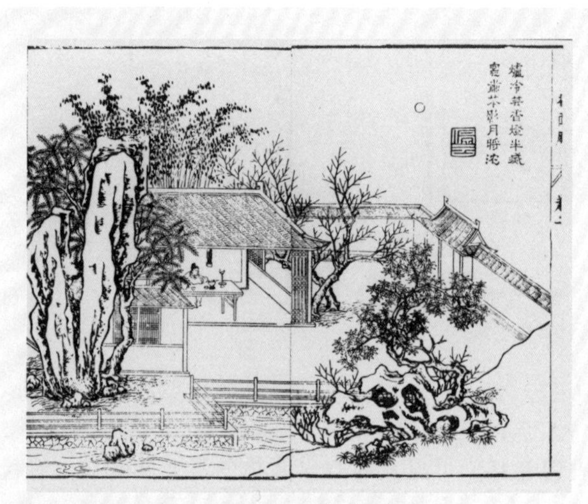

▍隐逸，是古代文人的一种追求，《中国古代木刻画选集》

▍文园一枝龛，清同治十二年（1873 年）《汪氏两园图咏合刻》

第二节

假山

一、什么是假山

假山，一般包含土山和石山两部分，园林中由人工建造而隆起的地形都是假山。园林假山的施工一般包括4个部分：堆土、叠山、立峰、置石。堆土：积土高于地坪，形成土山、地形。叠山：以山石垒摞成高耸山形。立峰：将有欣赏价值的独石立于景观节点上。置石：将山石深埋浅露，攒三聚五散点于地面、坡地、水中。有一些现代手法，如以大型花岗岩荒料叠摞的山体、金属焊接的抽象山形作品等，一般归入雕塑一类，虽然与假山相通，但严格地说不属于叠山的范畴。假山是中国园林的鲜明特征和重要标志，自古就有“无石不成园”之说。假山是整个园林的骨架，其山形水势的构成往往决定着一个园林的风格和主题。叠山是以自然山石或泥土为材料的营造，这种营造首先是对于自然山岳的模仿，进而参照中国山水画原理和山水诗歌的意境加以提升美化，从而达到来源于自然又高于自然的艺术境界。

二、假山出现的时间

由于古代起重能力的制约，石山的出现比土山晚。据现有史料记载，以石点景最早出现在汉代，现存的山石实景，我们从陕西汉代霍去病墓上的置石可以看到。虽然由于年代久远，山石位置有所变化，但从

整体来看，其置石的手法已有抱角、跳置、散点、挡土护坡等形式，没有堆叠而成的石山。此墓建于公元前2世纪，距今已有2000多年，是我国目前发现的最早的置石实景遗存。

因为石头垂直抬升的难度要远大于石头水平移动的难度，所以用山石堆叠立体的假山，要晚于单纯的置石点景。1986年，在山东临朐县发现了一座南北朝时期的墓葬，距今已有1400多年，墓室内绘有多幅彩色壁画，为墓主人生前起居生活的记录，其中3幅绘有堆叠的石山。壁画中的假山形式多样，既有叠石成山，也有供石、散点，甚至还有石玩盆景。虽然用现在的审美标准来看，假山在造型上还显得有些简单稚嫩，但以1400多年前的起重能力和施工条件，仍然可以说是一个伟大的创举。

陕西霍去病墓，建于公元前 2 世纪，本图临摹自法国传教士 1914 年拍摄的照片

▌北齐崔芬墓北壁画（550 年），画面表现了墓主人生前的生活场景，背景均有假山和树木

三、假山的类型

假山的类型大体上可以分为4类：土山、石山、土石相间山、塑山。其中塑山泛指所有人工材料制作的假山，如玻璃钢、玻璃纤维强化水泥（Glass Fiber Reinforced Cemet，GRC）、水泥现塑等。这些种类的假山在

园林中并不是单一出现，而是根据景观的需要穿插使用，从而达到“虽由人作，宛自天开”的意境。

（一）土山

土山是以土堆起的地形，通常坡度较缓，便于植物生长。有峦、坡、谷、麓、台等多种形态。起伏的土山地形可以使园林空间富于变化。

（二）石山

石山是以自然山石堆叠而成的假山。一般有峰、岭、谷、壑、壁、岩、洞、磴道等形式，如今还有瀑布跌水、溪流水潭等。一般多用于封闭的小环境，如江南的私家园林。

（三）土石相间山

该形式分为“石包土”和“土包石”两种形式，适合低缓的假山，多配以较多的植物，是一种较自然的假山形态。纯土山形，往往成浑圆顶，

园林中的土山，1919 年《文衡山拙政园诗画册》

无挺拔之势，可于山巅立数石峰，以成山石风化剥蚀之景。另外，土石相间山在造价上也比较经济，于开放大环境中做假山，往往采用这种方式。

（四）塑山

塑山也有两种形式，一是现场抹塑，即预先以水泥、砖、钢丝网做成骨架结构，外表用水泥现场造型抹塑；二是拼装，如GRC假山、玻璃纤维强化塑胶（FRP）假山等。预先以天然山石制模，然后用脱模的方法生产出山皮材料，现场再以山皮拼合成山。国内玻璃纤维强化水泥假山材料由北京林业大学毛培琳教授首创，北京植物园大温室假山、北京奇石馆、北京园林博物馆塑山采用的都是这一技术。人造塑石假山的优点是重量轻，造型、色彩随意多变，而且无须采挖天然山石，对自然山水具有保护意义。这种假山适合于施工条件受限、运输不便或者荷载有限的场所。

园林中的石山，1919 年《文衡山拙政园诗画册》

第三节

南韩北张

叠山最晚在宋代已经成为一个专门的职业，宋人周密曾言，叠山之人多出自吴兴，时人称之为“山匠”。[16]明人黄省曾在《吴风录》中说，朱勔的子孙世居虎丘山下，以种艺叠山为业，游走于王侯之门，俗呼为“花园子”。[17]童寯先生在《江南园林志》中记载山匠称谓：“业叠山者，在昔苏州称花园子，湖州称山匠，扬州称石工；人称张南垣为张石匠。”[18]陈从周教授说：“从前叠山，有苏帮、宁帮、扬帮、金华帮、上海帮。而南宋以后著名叠山师，则来自吴兴、苏州。吴兴称山匠，苏州称花园子，浙中又称假山师或叠山师，扬州称石匠，上海称山师。”[19]他在《中国园林》中又言：“吴县香山之木工，吴县胥口之假山工，苏州虎丘之泥塑花工，尤为人称道。”[20]

江南自宋代以后营建园林日益盛行，这也许与北宋灭亡，南宋建都临安，偏居江南有关，达官权贵、文人雅士乐此不疲，尤其对于假山、供石的喜爱，更是达到了痴迷的程度。造园叠山用的假山石也多产自这一地区，如太湖石、灵璧石、黄石、英石等。由于造园的盛行，因此优秀的叠山匠人几乎都是出自江南，明、清以后即便是北方园林中的假山，也大多出自南方山匠之手。长春园中的狮子林就是苏州山匠的杰作，《乾隆三十七年御制狮子林八景诗》序中称：“狮林以石胜，相传为瓒自位置者，兹令吴下高手堆塑小景……”并称赞苏州山匠“妙手吴中唯塑能，绝胜道子写嘉陵”，清代皇家园林三山五园的假山，大多是由“山石张”所堆叠。

根据现有史料不完全统计，明代叠山名家有28位，绝大多数出自江、浙一带，他们的叠山活动也都在江南地区。

中国北方历来为游牧民族聚集区，游牧民族自古逐水草而居，轻文尚武、不擅营造，故建筑、园林的设计施工多由南方匠人完成。明代紫禁城的设计者蒯祥来自苏州吴县，建造故宫的工匠是苏州太湖之滨的“香山帮”。清代“样式雷”祖籍江西，清初在南京从事营造，三藩平定以后，迁至北京掌管样式房。清代皇家三山五园的建筑和东、西陵寝均有“样式雷”参与设计。“样式雷”共有8代人从事清代的建筑设计，留下了众多伟大的古建作品，包括故宫、北海、中南海、圆明园、万春园、清东陵、清西陵等，还有承德避暑山庄、杭州的行宫等著名皇家建筑。如今我国1/5的世界级文化遗产的建筑设计，都出自雷家人之手，“样式雷”为我们留下了宝贵的物质和文化财富。

对于古典园林的营造来说，山匠一般是掌控造园全局的。山匠在设计假山地形的同时，其实就是在对整个园子进行规划设计。曹雪芹在《红楼梦》第十六回中写道：“会芳园本是从北拐角墙下引来一股活水，今亦无烦再引。其山石树木虽不敷用，贾赦住的乃是荣府旧园，其中竹树山石以及亭榭栏杆等物，皆可挪就前来。如此两处又甚近，凑来一处，省得许多财力，纵亦不敷，所添亦有限。全亏一个老明公号山子野者，一一筹画起造。……凡堆山凿池，起楼竖阁，种竹栽花，一应点景等事，又有山子野制度。”[21]第十七回写山子野设计了一条小径，脂砚斋批道：“好景界，山子野精于此技，此是小径，非行车辇通道。”日本造园源于中国，在日本古代造园中，“立石”一词，狭义上是指具体的叠山置石，广义上则代表整个造园的过程。

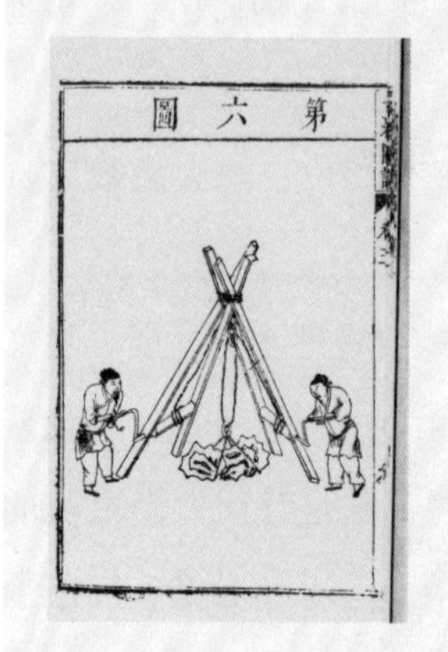

辘轳起重，明《远西奇器图说录最》

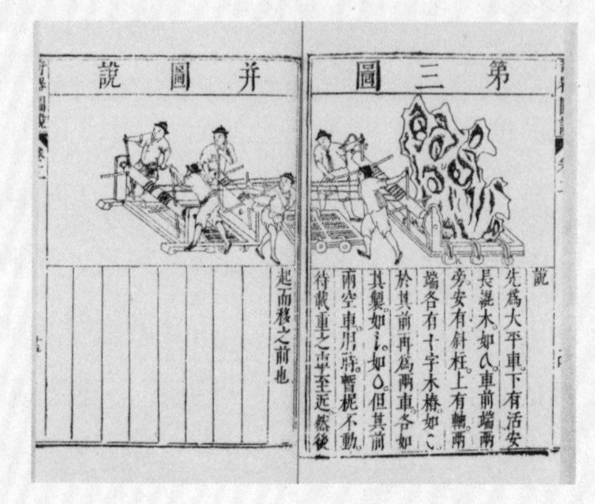

载运太湖石图，明《远西奇器图说录最》

一、山子张

清代政权稳固后，主动融入中原文化，自康熙皇帝开始大兴土木，于京西北修建三山五园，一直到清末慈禧重修颐和园，整个清朝200多年间，造园几乎未曾中断。规模之大，历时之久，前所未有。清代皇家园林之所以繁盛，除了清中期国库充裕，皇帝推崇造园、喜居园林外，建筑有样式雷，园林有山子张，也是一个重要原因。

近代园林界有“南韩北张”之说，山子张也称山石张，名张涟（约1587—1671年？），字南垣、愚之，号梅泉，明松江华亭人，后退居浙江嘉兴。据吴伟业《梅村家藏稿》卷五十二《张南垣传》记载，张涟少年开始学画，擅长画人物，兼通山水绘画，学倪云林、黄子久笔法，四方争相购买。曾见匠人叠山，不合画理，就尝试按山水画的意境来堆叠假山，由于精通山水理论，其叠山技艺远超于同行。[22]后专门从事造园叠山之业，常有官僚、豪富上门邀请张涟造园。起初他只在江南各地往来经营，如华亭、秀州、南京、金坛、常熟、太仓、昆山等地，所建私园有李逢申的横云山庄、虞大复的豫园、王时敏的乐郊园、钱谦益的拂水山庄、吴昌时的竹亭别墅等。后应朝廷之召北上，专门为皇家造园叠山，著名的中南海瀛台、畅春园皆其手笔。戴名世《南山集》卷七《张翁家传》记载：“（张涟）君治园林有巧思，一石一树，一亭一沼，经君指画，即成奇趣，虽在尘嚣中，如入岩谷。诸公贵人皆延翁为上客，东南名园大抵多翁所构也。常熟钱尚书，太仓吴司业，与翁为布衣交。翁好诙谐，常嘲诮两人，两人弗为怪。益都冯相国构万柳堂于京师，遣使迎翁至为之经画，遂擅燕山之胜，自是诸王公园林皆成翁手。会有修葺瀛台之役，召翁治之，屡加宠赉。请告归，欲终老南湖。南湖者，君所居地也。畅春苑之役，复召翁至，以年老赐肩舆出入，人皆荣之。事竣复告归，卒于家。”

张涟有4个儿子，都从事造园叠山之业，[23]但只有次子张然和三子张熊在历史上留下了记载。张然，字铨侯、陶庵，生年不详，卒于康熙

山石张传人张然堆叠的中南海瀛台假山

二十八年（1689年）。张然也工诗画，擅以山水画法叠山。[24]早年曾随其父张涟为山于席氏（席本桢）之东园，其父堆叠体量高大的主山，陶庵堆叠体量矮小的配山，眼观手摸，从实际中学习叠山之技。[25]后又应官府所邀，随父北上，为皇家造园林。张涟去世后，张然承其父业，先后设计建造了中南海瀛台、西郊玉泉山、畅春园。京城的私家园林中，米万钟的勺园、王宛平的怡园，都是他的作品。据韩溪《燕都名园录》载，京城贾汉复的半亩园假山，虽由李渔所堆叠，但也受到了张涟父子的鼎力相助。[26]

张涟三子名张熊，生卒年不详，字叔祥。黄宗羲《撰杖集·张南垣传》中言："涟有四子，皆衣食其业，而叔祥为最著。"所造园林有朱工部"鹤洲"、曹侍郎"倦圃"、钱枢部"绿溪"。张熊有一子名张淑，生卒年不详。张淑也善绘画，盛叔清《清代画史增编》卷十四将其收入其中。清嘉庆六年（1801年）《嘉兴府志》卷五十一记载："（南垣）子然、熊，及孙淑，传南垣之术。康熙间，先后应召供奉内廷，凡经营位置，悉令然等董其役，屡邀恩赉。"据曹汛先生考证，颐和园谐趣园假山为其所堆叠。[27]

张涟有一个侄子叫张钺，字宾式，也从事造园叠山之业。清代许缵曾《宝纶堂稿》卷九载："吾郡张钺，以叠石成山为业，字宾式。数年前为余言，曾为秦太史松龄叠石凿涧于惠山。"惠山园为明户部尚书秦金私园，清康熙皇帝御题"寄畅"，遂改名为"寄畅园"，后园分为数家，至其曾孙德藻又合并改筑，张钺为之叠山。[28]寄畅园现存黄石假山即为其堆叠，有跌溪"八音涧"，由于跌水落差不同，水声如琴乐，新增湖石奇峰"美人照镜"，又改筑"悬淙涧"为"三叠泉"，将"天下第二泉"惠山石泉之水引入其中，具有高山深涧的意境。

嘉庆六年（1801年）《嘉兴府志》卷五十一记载："（南垣）子然、熊，及孙淑……及淑没，其术遂不传。"也就是说山子张到张涟孙

无锡寄畅园黄石假山八音涧，由于跌水声如音乐，故名“八音”，张涟侄子张鉽所堆叠

辈张淑去世后，技艺已经失传。张然卒于康熙二十八年（1689年），按年代推算，山子张最晚于嘉庆年间已无人承其业，究其原因，一是皇家园林在乾隆时已基本完成，二是乾隆朝后期国库空虚、民不聊生，三是嘉庆皇帝提倡戒奢尚俭，对于耗巨资造园林再无兴趣，甚至将乾隆生前喜爱的珍宝全部装箱封存，山子张造园叠山技艺遂成屠龙之技。

中华人民共和国成立初期有山匠张蔚庭，生年不详，卒于1978年。张蔚庭自称山子张之后，家住西城区太平胡同10号。有人曾问及张氏世系，他说："清末京师动乱，作坊及家谱俱毁于火，故不能追述。"清朝灭亡，清宫的禁苑社稷坛、太庙，相继辟为公园，成为他的谋生之源，所以兼营瓦作以及花园竹篱、漏窗铺地。曾在西单南栅栏大街租用店铺，供销上水石，创作盆景，惨淡经营。张蔚庭的叠山作品有中山公园社稷坛西门北路的攒山、劳动人民文化宫太庙东南角的园中园和西南角的山景等，代表作应是钓鱼台国宾馆的叠山理水。1959年，钓鱼台国宾馆作为"国庆十大工程"之一，馆内要进行叠石造景，张蔚庭主持新建和修复的景点达30多处，包括西南角失修的钓鱼台遗址。他称馆内造景多是粗放作业，因园内占地宽广，景点分散，小筑难成大观，且用石多是青石，湖石少，难做到精而得体、巧而得体的境地。时间紧，工程仓促，没能搜集奇峰异石留下佳作而遗憾。[29]《建筑历史与理论》第二集——曹汛《清代造园叠山艺术家张然和北京的"山子张"》载："北京近时有张蔚庭者，据说还是'山子张'的后人，解放后尚以叠山为业，可惜自张然、张淑以后谱系已不能明。"翁偶虹先生[30]曾回忆，北京隆福寺庙会中一老人的"摊子上陈列着他用新砖磨塑的亭、台、楼、阁、花墙、盆景。此老姓张，据说是'山子张'的同族，布置园林，家学渊源"。张蔚庭于1978年病逝。至此，"北张"淡出历史。[31]

二、山石韩

清中期是中国封建社会的发展高峰，也是中国古典园林发展的鼎盛时期，清代皇家园林的三山五园，江南著名的私家园林，都是在这一时期建成的，山子张的造园叠山活动也在这一时期。嘉庆皇帝崇尚节俭，在造园上没有什么大的举动，张涟一脉山子张遂不传。道光末年山石韩家族在江南兴起，造园叠山之业才又有所发展，但已大不如前。“山石韩”这一誉称自清末就流传于造园界，有时与山子张并称为“南韩北张”，苏州民间又有“朱家盆景韩家山”之说。[32]山石韩的开宗立派者叫韩恒生，祖居苏州木渎，由于家遭不测，为了生计，走上造园叠山之路。韩恒生善习众家所长，精于造园叠山，兼通修缮营造，虽然在当时已小有名气，曾参与修复苏州紫芝园、怡老园、塔影园等园林，但在国弱家贫的年代，并无多少造园叠山的营生可做，平日大多在府衙里做事，专司营造、园艺事宜。山石韩第二代传人韩步德、韩步本，传承父亲技艺，成立了营造作坊，以造园叠石为业，建造了苏州老火车站，苏州天库前竺家花园，富郎中巷仓园，苏州阊门外大王花园、小王花园，苏州刘鸿生私园等园林，可惜民国时期社会动荡、民生艰难，新建的园林并不多，只能去做翻建修复之事以觅温饱。因此，在民国的数十年中，山石韩第二代传承人只能勉强维持生计，技艺得不到充分施展，难以有突出的艺术创作和建树，更不要说有什么社会地位了。

中华人民共和国成立后，政府重视古典园林的修缮和保护，广泛招募民间叠山匠人参与建设。当时主要有苏州的韩氏和凌氏、扬州的余氏和王氏、浙江“金华帮”朱氏以及北京的张氏，其中以山石韩最具盛名。1952年，韩步本父子进入苏南文物保管委员会工作，专门从事造园叠山。1963年，上海龙华苗圃几位日本园艺师宣称：“中国现在没有一个年轻人能叠山，叠山技艺已属日本！”面对如此狂妄的公然叫板，园艺家周瘦鹃对山石韩的第三代传人韩良顺说：“给你一项任务，去和日

本人比艺，为中国的造园叠山争口气。”1964年，韩良顺带着中国园林前辈的重托来到上海应战。到达现场后，韩良顺出于礼貌主动上前握手，日本园艺师傲慢得连手都不伸，只用手指蘸着茶水在桌子上写下了“春夏秋冬”，韩良顺立刻明白这是四季假山的意思，随即对应写下了“重山复岭”4个字。经过一夜的画图构思，为了表现“春夏秋冬”的主题，韩良顺决定以宋代郭熙的“春山澹冶而如笑，夏山苍翠而如滴，秋山明净而如妆，冬山惨淡而如睡”[33]作为假山意境。在山石的选择上，则以玲珑的湖石代表春、夏，红褐的黄石喻示秋景，白色的宣石表现冬意。第二天一早韩良顺便开始在现场规划4组假山的位置，春山最高，居中左；秋山次之，居中右；再以夏山呼应春山，冬山衬托秋山。日本园艺师起初不以为意，后来天天到现场观看韩良顺的叠山。等到施工完成验收，日本园艺师走到韩良顺面前，深深地鞠了一个90度的躬，并说道：“没想到中国的年轻人有如此高超的才艺，我收回之前的狂言。”数年后，韩良顺堆叠的“四季假山”，被收入日本出版的《盆景艺术》一书中。苏州电视台还专门就此事采访韩良顺，并进行了详细报道。

“文化大革命”期间，一些古典园林遭到了严重的破坏，山石韩第三代传人韩良源、韩良顺被迫放下家传技艺。改革开放后，政府大力弘扬传统文化，恢复民生，改善环境，古典园林也随之蓬勃发展起来，山石韩第三代、第四代传人重操祖业，积极投入到城市绿化、美化工作中，修复、新建了一大批园林景观。著名园林专家檀馨说：“创名于光绪年间的‘山石韩’枝繁叶茂，荣历150余载，其技艺随时代演进而日精，其作品亦遍及大江南北。”[34]如今，经山石韩维修的古典园林，如河北承德避暑山庄、北京故宫，以及苏州园林中的狮子林、拙政园、留园、网师园和沧浪亭，均被列入《世界遗产名录》。2013年，山石韩第三代传承人韩良顺被联合国教科文组织、《姑苏晚报》联合授予“苏州古建筑营造修复特别荣誉奖”。

荣誉证书

韩良顺

在联合国教科文组织亚太地区世界遗产培训与研究中心古建筑保护联盟、《姑苏晚报》和苏州世界遗产与古建筑保护研究会联合举办的“寻访古建筑修复师”活动中，经组委会和专家组评定，授予您以下荣誉称号：

苏州古建筑营造修复特别荣誉奖

联合国教科文组织亚太地区世界遗产培训与研究中心古建筑保护联盟
姑苏晚报
苏州世界遗产与古建筑保护研究会
2013年12月

山石韩第三代传人韩良顺被联合国教科文组织、《姑苏晚报》联合授予“苏州古建筑营造修复特别荣誉奖”

从1949年到20世纪60年代初，山石韩第三代传人参与修复了许多著名园林，如上海的豫园，南京的瞻园、总统府煦园，杭州的汪庄、刘庄，苏州的拙政园、留园、网师园、狮子林、沧浪亭、环秀山庄、虎丘，济南趵突泉、大明湖，山西晋祠，承德避暑山庄，常州东郊园、近园，北京北海静心斋、中南海等，为中国的园林保护做出了一定的贡献。

山石韩叠山技艺，源于江南文人园林一脉。叠山，在苏州方言中称为“掇山”，即在园林中以天然山石堆叠成山的过程，也叫“堆山”“码山”等。现代有用水泥材料制作的假山，称为“塑山”。由于“掇”字较为生僻，现大多称叠山。

经过山石韩4代人的不懈努力，在继承传统叠山技艺的基础上，通过丰富的造园叠山实践，总结出了特有的叠山理论和技艺，形成了自己的

古建专家罗哲文先生题“山石韩”

园林专家孟兆祯先生题“山石韩”

叠山风格。山石韩造园叠山，善于将江南园林灵巧、细腻的创作手法与皇家园林的恢宏、壮观的风格结合起来，根据不同环境、不同立意和不同石种，进行现场的二次设计和巧妙的堆叠，达到预期的设计效果。其作品既有秀美、淡雅的江南园林，也有雄伟、大气的北方皇家园林。无论是上万吨山石的大型假山，还是几十平方米的庭院小品，都能与园林中的建筑、植物、水系有机地组合，从而体现出中国山水园林“虽由人作，宛自天开”的优美意境。

1952年11月6日，整修后的拙政园中部和西部正式开放，成为新中国成立后，苏州第一个修复开放的园林——

名园

荒烟蔓草间重现绝代风华

苏周刊

人文

第128期

韩良顺

山石韩不只是韩家山石

《苏州日报》2009年8月28日 《苏州日报》2010年6月18日

聘书

兹聘请韓良順同志

为文化部恭王府修复管理处

顧問

一九八七年十二月十日

1987年，韩良顺被聘为恭王府修复管理处顾问

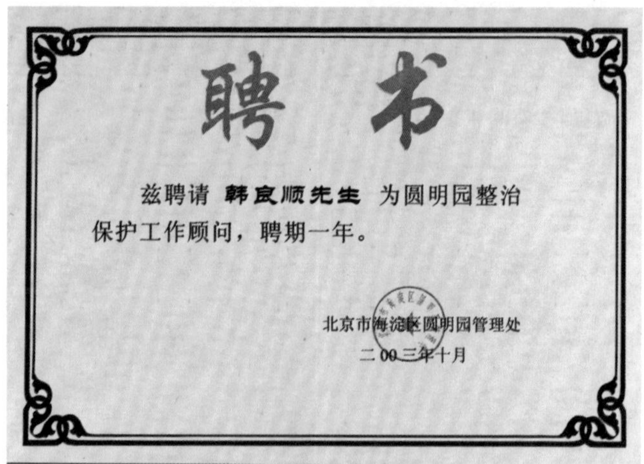
聘书

兹聘请 韩良顺先生 为圆明园整治保护工作顾问，聘期一年。

北京市海淀区圆明园管理处
二00三年十月

▎2003 年，韩良顺被聘为圆明园整治保护工作顾问

注释：

［1］ ［南朝梁］萧统：《文选》。

［2］ ［晋］陶渊明：《庚子岁五月中从都还阻风于规林二首》其二。

［3］ 《管子·形势解》，《诸子百家名篇鉴赏辞典》，世纪出版集团、上海辞书出版社2003年版。

［4］［6］［8］ ［汉］司马迁：《史记》，上海古籍出版社1997年版。

［5］ 清代的《履园丛话》说："始皇使徐福入海求神仙，终无有验……后游山东莱州，见海市，始恍然曰：'秦皇、汉武俱为所惑者，乃此耳。'"

［7］ ［明］袁宏道、熊礼汇选注：《袁中郎小品》，文化艺术出版社1996年版。

［9］［11］ 《论语浅悟》，齐鲁书社出版社2004年版。

［10］ ［清］郭庆藩撰：《庄子集释》，中华书局1961年版。

[12] 鲁迅：《集外集拾遗》，人民文学出版社1973年版。

[13] 蒋星煜：《中国隐士与中国文化》，上海三联书店1988年版。

[14] 《历代小品妙语》，崇文书局2010年版。

[15] 陈植、张公弛、陈从周：《中国历代名园记选注》，安徽科学技术出版社1983年版。李德裕《平泉山居诫子孙记》："鬻吾'平泉'者，非吾子孙也；以'平泉'一树一石与人者，非佳士也。"

[16] 《癸辛杂识》载："前世叠石为山，未见显著者。至宣和，艮岳始兴大役……然工人特出于吴兴，谓之山匠。"[宋]周密：《癸辛杂识》，中华书局1988年版。

[17] "朱勔子孙居虎丘之麓，尚以种艺垒山为业，游于王侯之门，俗呼为花园子。"[明]黄省曾，苏州文献丛钞初编，王稼句：《吴风录》，古吴轩出版社2005年版。

[18] 童寯：《江南园林志》，中国建筑工业出版社1984年版。

[19] 陈从周：《说园》，书目文献出版社1984年版。

[20] 陈从周：《中国园林》，广东旅游出版社1996年版。

[21] [清]曹雪芹：《红楼梦》，人民文学出版社1982年版。

[22] 吴伟业《梅村家藏稿》卷五十二《张南垣传》：张南垣，名涟，南垣其字，华亭人，徙秀州，又为秀州人（清人张潮的《虞初新志》卷六在此有：徙秀水，又为秀州人），少学画，好写人像，兼通山水，遂以其意叠石，故他艺不甚著，其叠石最工，在他人为之莫能及也。……南垣过而笑曰："是岂知为山者耶？今夫群峰造天，深岩蔽日，此夫造物神灵之所为，非人力所得而致也，况其地辄跨数百里，而吾以盈丈之址、五尺之沟尤而效之，何异市人抟土以欺儿童哉？惟夫平冈小坂，陵阜陂阤，版筑之功，计日以就。"戴名世《南山集》卷七《张翁家传》：张翁讳某，字某，江南华亭人，迁嘉兴。君性好佳山水，每遇名胜，辄徘徊不忍去。少时学画，为倪

云林、黄子久笔法，四方争以金币来购。

[23] 《清史稿·张涟传》：（张涟）四子皆衣食其业。

[24] [清]王士祯《居易录》卷四：大学士宛平王公，招同大学士真定梁公、学士涓来史（讳弘）游怡园。水石之妙，有若天然，华亭张然所造也。然字陶庵，其父号南垣，以意创为假山，以营丘、北苑、大痴、黄鹤画法为之。峰壑湍濑，曲折平远，经营惨淡，巧夺天工。

[25] 陆燕喆《张陶庵传》：陶庵，云间人也，寓檇李，其父南垣先生，擅一技，取山而假之。其假者，遍大江南北，有名公卿间，人见之不问而知张氏之山也。……往年南垣先生偕陶庵为山于席氏（席本桢）之东园，南垣治其高而大者，陶庵治其卑而小者。其高而大者若公孙大娘之舞剑也，若老杜之诗，磅礴浏漓而拔起千寻也；其卑而小者，若王摩诘之辋川，若裴晋公之午桥庄，若韩平原之竹篱茅舍也。……南垣先生没，陶庵以其术独鸣于东山。

[26] [清]阮葵生《茶余客话》卷八《张南垣父子善叠假山》：涟既死，子然继之，游京师，如瀛台、玉泉、畅春苑皆其所布置。先是，米太仆友石有勺园，在西海淀，与武清侯清华园相望，亦曰“风烟里”，今畅春苑即两园旧址，王宛平怡园亦然所作。韩溪《燕都名园录》：半亩园，在弓弦胡同内牛排子胡同，初为李笠翁渔所创。……创半亩园得华亭张南垣父子之助，堆砌浮山，为都中之冠。（转引自贾珺《北京私家园林志》，第185页）

[27] 曹汛《清代造园掇山艺术家张然和北京的“山子张”》，《建筑历史与理论》第二集：谐趣园的假山全都是“平冈小坂”“陵阜陂陁”，尤其是“寻诗径”后一段，皴涩向背，颇具画理，显然是一个大手笔所为。业师梁思成先生生前曾对这一假山倍加赞赏。如果我们判断它是“不问而知张氏之山也”很可能是张淑、张然子孙的

遗作，大概也是差不多的罢。

[28] 童寯《江南园林志》：明正德中，秦金建园惠山……金没，园归族孙梁，旋归梁之从子耀，改曰寄畅园。其后园遂分裂。至曾孙德藻又合并改筑，张钺为掇山；钺，南垣之从子也。

[29][31][34] 韩建伟、韩振书：《山鉴》北京燕山出版社2014年版。

[30] 翁偶虹（1908—1994年），著名戏曲作家、理论家、教育家，中央文史研究馆馆员，北京人。原名翁麟声，笔名藕红，后改偶虹。

[32] 喻学才：《中国历代名匠志》，湖北教育出版社2006年版。朱家，即苏州盆景大师朱子安；韩家，即山石韩。

[33] [宋]郭熙：《画训》，《美术丛书》第二册，江苏古籍出版社1997年版。

山石韩叠山的历史贡献

第一节

开宗立派

一、山石韩创立者韩恒生

据记载，清道光年间，山石韩先人居于苏州木渎古镇，以山货、茶肆起家，至高祖韩兴宗，又开办了米酱行和船班，由于经营有方、价格公道，家境颇为殷实。高祖乐善好施，曾捐资修缮灵岩山西麓韩蕲王庙、宝藏庵和西津桥。时秀野园已散为民居，山石坍覆，花木凋零。高祖耽爱园林、痴情花木，便将此园买下，又请画家山僧几谷为之设计，邀请香山匠人进行修葺，诛茆构宇、浚池架桥、立石叠山、艺花莳卉，极园林之胜景，复“秀野”之旧名。曾祖韩恒生时值少年，性爱花鸟泉石，终日穿梭于营造现场，搬石移木、挖土种花，游戏于工匠花农之间，其与山石之缘盖始于此。咸丰十年（1860年）春，太平军李秀成率部攻打苏州。高祖携家避居太湖冲山，家资商货皆被太平军劫掠。太平军在秀野园中驻兵养马，砍树折花以为薪柴，又强征韩家驳船、山船运送粮草辎重。同治二年（1863年），李鸿章率淮军收复苏州，高祖获罪，家破子散，财产宅园被稽没。韩恒生逃入尧峰山，寄身于寿圣寺中，以掘卖鸭踏岭文石糊口，后于寺中偶遇县丞裘万青。裘与韩家为世交，怜其境遇，遂荐入府衙，掌管花木营造之事。光绪年间，韩恒生购置山塘街前小郝弄房产，专营造园叠山之业。由于曾祖能诗善画，又博采众长，其造园叠山之技日精，非一般工匠能望其项背，故有“山石韩”之名号，后与北方之“山子张”合称为“南韩北张”，[1]苏州民间又有“朱家盆景韩家山”之说。[2]

韩恒生育有8个子女，由于旧时的医疗条件所限，其中4个夭折，二子步德和其弟步本继承父业。步德头脑灵活，善于经营，创办造园叠山的营缮作坊，终日周旋于茶房酒馆承揽生意；步本心灵手巧、踏实肯干，担任“把作师傅”，负责具体施工。后因经营理念不合，兄弟分家，步德改行另谋他业。清朝从道光开始国力衰退，内忧外患，国弱民贫，皇家园林再无往日辉煌，私家园林多是承袭旧园。园林是高品质的生活追求，需要富足、安定的社会环境，社会动荡、经济匮乏，便无力造园，更无心造园。故山石韩第一代作品多为维修翻建，这一时期代表作有“紫芝园”“塔影园”“怡老园”[3]。

二、第二代传人韩步本

韩步本，光绪二十二年（1896年）出生于苏州城西南湾子（现金门外长船湾）。据说起“步本”之名，是曾祖父的意愿，在老人家心目中，一切有形的财产都靠不住，只有手艺才是匠人赖以生存的根本，“步本”的意思就是“步先辈之后尘，传立业之根本”。在家庭环境的影响下，步本耳濡目染，幼年即随父学习写字、绘画，稍长进入私塾学习，但由于步本天性活泼好动，读书不甚用功，喜欢在老园子里摸鱼抓鸟、攀石上树，有机会就看父亲堆石叠山，扛锹抡镐，跑前跑后，问这问那，母亲见了摇头叹气，有时还唠叨两句，父亲却喜在心头，抚着步本的头说：“本儿是个可造之才，韩家绝技可传矣！”后来步本干脆放弃学业，专心跟着父亲学习造园叠山。

清末国力衰弱、列强入侵，民国军阀混战、民不聊生，兴建园林者寥寥无几，山石韩第二代传人韩步本，在极其艰难的情况下惨淡经营，靠修修补补勉强维持生计。1949年后，园林事业迎来了繁荣发展的大好

时期，1952年，韩步本与其子韩良源、韩良顺进入苏南文物保管委员会工作，翌年又进入苏州园林管理处工作，积极投入到对园林文物的修缮保护工作之中。他在园林保护中不只是单纯地修复，他还具有极强的文物保护意识，深挖造园者本初的设计意图，研究景观文物的来龙去脉。在修复拙政园时，于乱石堆中发现了“反底划龙船”，为拙政园这个历史传说找到了实景印证；在修复网师园殿春簃时，在杂土中发现了古迹“冷泉”，使得这些含义深远的古园遗迹得以重见天日。韩步本不仅擅长叠山，而且还熟知古建营造，南京总统府花园修复时的建筑设计，就出自他手。[4]山石韩第二代传人韩步本的贡献，不仅是修复了江南众多名园，而且还致力于将“山石韩造园叠山技艺”整理传授、发扬光大，承前启后、言传身教。

山石韩第二代传人韩步本

韩步本1968年病逝，享年72岁。其代表作有上海中山公园、苏州拙政园、上海豫园等。

（一）上海中山公园（1937年）

上海中山公园，原名兆丰公园、司菲尔公园，位于上海长宁路780号，初为英国地产商詹姆斯·霍格于清咸丰十年（1860年）所建的私园，曾经作为开放跑马场，建有石亭、石雕、草坪、喷泉等欧式景观，具有典型的英式园林风格。光绪五年（1879年）后，霍格的生意逐渐败落、入不敷出，分两次将园北150余亩土地卖给美国圣公会，用来开办圣约翰书院（1905年改称圣约翰大学，1952年改称华东政法学院）。1913年，上海公共租界工部局又以12.3万两白银将花园南半部购得，稍加修整改建为租界公园。1914年7月1日，工部局颁布《游园暂行规则》4条，规定公园只对外国人开放，中国人不得入内，但照顾外国小孩的中国保姆和侍候洋人的华仆可以跟随主人入园。

1917年，公园向南扩建，在白利南路（今长宁路）购买10余亩土地，兴建儿童运动场，同时将公园重新规划为3个区域：自然风景区、植物园、观赏游览区。但公园修建过程中由于经费不足，施工时断时续，又因设计风格不中不洋，反复拆改，进展异常缓慢。1927年，工部局派人找到了韩步德、韩步本兄弟，希望他们参加修建山水园林景区。兄弟俩到达上海后，得知公园只对洋人开放，又看到园内建起的两座英国兵营，便借故谢绝了邀请。1928年，工部局在社会各界的压力之下，为了消除“华人不得入”的民愤，也为了筹集公园修缮资金，公园开始售票开放，华人也可买票进园游览。1935年，侨民爱斯拉夫人为公园捐建一座西洋古典大理石亭，内竖立两尊西洋女神雕像，石亭建在原中式凉亭的旧址上，成为露天音乐演奏台，再移美国造“上海救火会报警大铜钟”置于石亭前，园内又有西洋神兽“四不像”石雕，欧式风格越发浓厚，广受上海各界诟病。1937年，为了增加中国园林景观元素，韩步本再次受到邀请，参与营造兆丰公园山水园林。韩步本来到上海后，在与建设方充分沟通的基础上，实地勘查了公园地形水系，提出了自己的改造方案，并得以通过。为了填埋公共租界的生活垃圾，在园东南挖池堆山1600立方米，将1.2万吨垃圾覆盖，又于其上点石成景、广植树木；利用原陈家池扩建湖面，挖池为月牙状，于池中种荷养莲，便于游人观荷赏月，名为“荷花清月”。园中部利用原有河道，沿岸围砌湖石、搭建石桥、设置汀步，新增了“高山跌水”“石罅洞天”等假山景点，峰回路转，山重水复，颇有国画意境，在原来的英式公园西洋景观中，开辟出了一片中式传统山水园林，名为“林苑耸秀”。这两处景区现都成为公园别具特色的景观，受到广大市民的喜爱。

1944年，兆丰公园改名为中山公园，此名沿用至今。现中山公园占地面积约20万平方米，全园有大小不等的景点约120处，现为上海市四星级公园。

中年后韩步本在苏州、上海等地园林界颇有名望，虽然身处乱世，仍苦心支撑，先后营建了苏州天库前竺家花园，富郎中巷仓园，苏州阊门外大王花园、小王花园，苏州老火车站，刘鸿生私园等。著名建筑学家、建筑教育家童寯说："苏州园林大小园林共180，叠石有韩姓者，解放后犹食其业。"[5]

上海中山公园林苑耸秀太湖石磴道驳岸

（二）苏州拙政园（1951年）

在中华人民共和国成立以后的园林营造中，苏州拙政园的修复，具有开创性和代表性的意义。

中华人民共和国成立之初，百废待兴，苏州园林也历经战乱兵燹，损毁十分严重，急需保护修复，1950年1月，苏南区文物管理委员会在无锡成立，陈谷岑任主任。1951年，文管会迁入苏州拙政园，开始着手修复拙政园损毁严重的中、西部。拙政园始建于明正德初年（16世纪初），为御史王献臣依大弘寺废址改建而成，“拙政”之名，取自晋代潘岳《闲居赋》：“灌园鬻蔬……是亦拙者之为政也。”园建成后盛极一时，“广袤二百余亩，茂树曲池，胜甲吴下”，明代大画家文徵明曾为之作图赋诗。中华人民共和国成立初期，拙政园屡经战乱、疏于维护，旧貌已失。陈谷岑早年在苏州高级师范学堂学习时就知道山石韩的大名，便派一位花匠到山塘街前小郏弄3号找到韩步本，聘请他为苏南文物管理委员会园林专家，负责拙政园的修复。陈谷岑于清光绪十三年（1887年）生于江阴，比韩步本年长9岁，曾在无锡“三师”任校长。无锡解放第二天，曾是“三师”早期学生的苏南军区司令员兼管委会主任管文蔚专程来到陈谷岑家拜访老师，请老师出山，任苏南文物管理委员会主任，负责抢救江南名园。

韩步本带着两个儿子来到拙政园的“笔花堂”旁边的半条走廊里，卧室仅可容一榻一桌。陈谷岑对韩步本讲：“苏州园林是我国文物之宝，我们先从拙政园开始修复，你是园林叠山专家，园子的叠山理水由你负责。”陈老态度庄重，不苟言笑，望之似乎令人生畏，其实他是平易近人的。对青年同志更是倍加爱护，看到韩良源、韩良顺年轻有为，鼓励他们说：“园林是一门艺术，更是一门学问，你们要向你们的父亲学习，尽快成熟起来，今后的园林建设就靠你们年青一代了。”陈谷岑最后特别交代，为了把园子按原貌修好，特请书画家吴霜和范放负责规划，汪星伯、朱犀园两位老先生进行设计。[6]由于当时缺乏园林设计的专业人才，经汪东推荐，由汪星伯等几位画家负责规划设计，但这些人毕竟是画家，所作设计只是绘画形式的平面勾勒，不是施工图纸，更没有立面效果图，只能靠匠人的经验和悟性完成施工。

韩步本带着儿子首先进行现场勘查，了解损毁情况。拙政园历史上曾分为3块，东、中部荒废严重，已被附近农民垦作菜圃，园内湖石也被盗挖，缀云峰已于1932年倒塌，只残留少量太湖石，著名的小飞虹及曲廊等坍塌，见山楼木结构朽烂倾斜。园西部曾为汪伪江苏省政府办公处，民国时修复过，虽然山体还在，但已不是原来面貌，山石混用，杂乱无章。韩氏父子以设计平面图为依据，并参照枇杷园残留的半座假山风格，本着“修旧如故”的原则，先后修复了卅六鸳鸯馆驳岸、与谁同坐轩假山、香洲石舫驳岸假山。1952年10月，拙政园西部修缮竣工，11月6日正式对外开放，得到了文保会和参观群众的认可。1954年，拙政园划归苏州园林管理处，在中、西部实验性修复后，进一步总结了经验教训，随即展开全面修复工作，并拆除了日本式木屋和置石。1955年年初整修河道时发现一处假山遗迹，经韩步本仔细查看，断定是湮没已久的“反底划龙船”，原状为船体深入河中，靠近半岛，形似龙船，传说曾有水怪兴风作浪，被龙船反扣河中。韩步本将此处的山石清理挖出，重新堆叠成景。在接下来的水系疏浚时，又向西北挖掘，将久已隔绝的东、中、西部水系联为一体。

兰雪堂北五峰处，修复前为农户蔬菜地，改为拙政园大门后，汪星伯提议立一独立峰作为入门对景，韩步本次子韩良顺认为这么开阔的环境，仅立一峰太孤单，应以五峰为宜。这个提议被采纳。但苦于好的独峰已无处可寻，韩良顺便选园内散落湖石，堆叠成缀云峰等五峰，取得了良好的效果。进而又修复了远香堂前障景山、绣倚亭亭山、海棠春坞溪流驳岸、琵琶园月洞门置石等山石景观。到1960年9月，维修全部竣工，至此三园重新合并为一个大园。拙政园1961年被公布为全国重点文物保护单位，被称为全国四大名园之一。

由于拙政园修复成功并取得了良好的社会反应，1953年，苏州市委、市政府又拨款205万元专款用于修复园林。翌年，聘请南京工学院刘

苏州拙政园的反底划龙船

苏州拙政园远香堂障景山

▎1955 年，修复苏州西园假山，右侧站在假山上的人，为山石韩第二代传人韩步本，前排从右至左为韩良源、韩良顺、韩良玉

▎1957 年，山石韩修复苏州虎丘假山，前排左一为山石韩第三代传人韩良顺，左二为韩良源

敦桢教授、同济大学陈从周教授为顾问，从此韩家在专家的关怀和指导下，从实践上升到理论，从知其然到知其所以然，叠山技艺日渐成熟。1953年9月1日开始，韩步本带领儿子韩良源、韩良顺，着手修复留园。之后，苏州各园的修复工作相继展开，包括狮子林、虎丘、网师园、怡园、沧浪亭、耦园、环秀山庄。上海的豫园，常州的近园，南京的总统府西花园、瞻园等江南名园的修复工作亦渐次展开。[7]

（三）上海豫园（1956年）

豫园始建于明嘉靖三十八年（1559年），园主人为四川布政使潘允端，豫园选址于潘家老宅世春堂西，占地70多亩，历时20多年方建成。“豫”有“平安”“安泰”之意，取名“豫园”，有“豫悦老亲”的意思。豫园由明代造园叠山家张南阳设计，并亲自堆叠了园中的假山。古人称赞豫园“奇秀甲于东南”“东南名园冠”。潘允端去世后，潘家日趋衰微，园归潘允端的孙婿通政司参议张肇林所有。清乾隆年间，当地的富商士绅聚款购下豫园，重建楼台，增筑山石。咸丰十年（1860年），太平军进攻上海，清政府勾结英法侵略军，把城隍庙和豫园改作兵营，在园中掘石填池，造起西式兵房，园景面目全非。清末豫园辟为商业经营场所。中华人民共和国成立初期，园内楼阁破败，山石坍覆，池水干涸，树木枯萎，豫园美景荡然无存。

“1952年上海豫园抱云岩，临水山洞坍塌，假山上的快阁危在旦夕，地方上不少人士提出尽快拆除，华东军政委员会文化部和上海市文化局获悉后予以制止，暂作竹架支撑处理。1956年经市政府批准，由市文化局直接组织班子，聘请上海民用设计院院长陈植和同济大学建筑专家陈从周参与进行修复，陈从周建议请苏州‘山石韩’来修复假山。”[8]快阁始建于明代，后经清代维修，飞檐翼角两层结构，故也称“快楼”。快阁坐落在湖石假山上，阁下有八卦布局的山洞，洞中有8根湖石叠成的石柱，承载着上面的快阁，由于年久失修，山洞临水部

分已坍塌，如果不尽快进行加固，会直接影响到快阁的安全。上海文管会迅速组织专家“会诊”，建筑设计院部分专家认为，“要保住快阁，需要在山洞内用钢筋混凝土筑起一堵防护墙，顶住快阁基础不致倾斜”。[9]这样做虽然牢固，却破坏了假山的历史风貌，并不是最佳方案。为了查明情况，韩良顺主动提出要进洞探查损毁情况。上海文管会领导认为太危险，当即进行劝阻，但不进洞就不能确定修复方案，施工也就无法进行。韩良顺只得征询父亲韩步本的意见，韩步本凭着多年的叠山经验，察看了山洞的裂缝变化，同意进洞，但决定以木柱依次从洞口向内加固，以确保安全。文管会领导也再三叮嘱：“发现险情，立刻外撤！”

洞内昏暗潮湿，地面散落着碎石和渣土，韩良顺打开手电，小心摸索前行。经察看，“洞内石缝原来是以江米的白灰打成浆灌的缝，常年风化现已成为灰末，失去了保护作用。但洞内石缝的重心片完好，再察看基础，没有下沉现象，重心柱也没有斜倾。山洞口叠山虽已倒塌，但不在建筑的重心范围以内，也就是说，快阁下的叠山是安全的”。[10]大约10分钟后，韩良顺走出山洞，衣服已经被汗水湿透，向大家说明情况后，大家都松了一口气。“陈从周在一旁没动声色，问韩步本如何修复，韩步本说：‘假山上的楼阁没有危险，基石是牢固的。山石倒塌部分不在建筑物的承重范围内。山洞内不必加固，只是重新勾缝就行了。山石坍塌部分，重新打基按常规修复，恢复原来的山形原貌。’”[11]上海文管会和上海设计院专家们现场商量后，同意韩步本的修复方案，但保护古建文物责任重大，文管会要求先签订《安全责任书》。韩氏父子向苏州园林管理处汇报后，代表苏州园林管理处签字完毕，随即展开了抱云岩的维修施工。

假山的修复是一项难度较高的工作，在选材上要求山石的纹理、颜色要与旧物相近，堆叠的风格、手法也要与旧山相符合，同时还要注意施工人员和假山的安全。进行快阁山洞内部修复时，首先进一步加固洞顶，在保证安全的情况下，用水冲洗假山石缝，将风化石粉和灰土清除干净，逐一检查山石结构，更换重心片，再以水泥砂浆勾缝压实。山洞外口坍塌部分，先将山石移开，以毛石混凝土重新做好基础，再按原来的“云头皴”风格进行堆叠恢复。

快阁抱云岩山洞修复后，韩步本父子又修复了山洞外部的“云梯”和西部的黄石大假山，[12]并在陈从周教授的指引下，从荒废的也是园运回“积玉峰”供石，为豫园增色不少。陈从周《梓室余墨》卷一记载：“上海豫园之修葺，余参与其事，点春堂前假山，苏州韩氏兄弟良沅（源）、良顺所修，积玉峰移自也是园，园已废，峰置街头，余等访得，由韩氏以滚木推至豫园者。”[13]

自1956年起，豫园开始进行大规模的修缮，历时5年，最终于1961年

上海豫园快阁假山

上海豫园“积玉峰”

9月对外开放。修复后的豫园占地30多亩，楼阁参差，山石峥嵘，树木苍翠，瀑布清幽，具有小中见大的特点，基本恢复了往日景象，还原了明、清两代江南园林的艺术风格。

第二节

承前启后

韩步本与妻蒋小妹育有四男一女，长子不幸夭折，其余三子韩良源、韩良顺、韩良玉，身材魁梧，南人北相，皆承其家业，其中韩良源、韩良顺随父学习造园叠山，中华人民共和国成立后与父亲一起进入苏州园林管理处，修复了江南诸多园林。改革开放之初，韩良顺调入外交部钓鱼台国宾馆管理局，为钓鱼台国宾馆的环境建设做出了重大贡献。老三韩良玉，中学时即响应国家号召，到青海支边，后进入无锡园林局，也从事造园叠山工作，直到2000年退休。兄弟三人虽在不同的工作单位，但都传承着祖辈的造园叠山之技，爱岗敬业、任劳任怨，留下了众多的假山作品，为国家的绿化美化事业尽了一份力，都成为当代园林叠山的名家。

一、第三代传人韩良源

韩良源，又名良元，当代园林叠山名匠，苏州市级非物质文化遗产传承人。1927年出生于苏州山塘街前小邾弄。

“韩良源14岁的时候，父亲开始教他祖传的叠山绝活。在他的记忆中，父亲经常带他外出观山登山。‘观察大自然中真山的好处是，让我打小就知道山并非铁板一块，而是有着时凸时凹的立面不整齐的形状。有的山有大而弯折的石缝，缝里还生长着树和草。这些观察对我后来的

叠山有着很大的影响。' 韩老说。" [14]中华人民共和国成立前，韩良源主要是为父亲打下手，边学习边实践，修建了一些江南园林假山，中华人民共和国成立初期，与父亲一起进入苏南文物保管委员会工作，后又进入苏州园林管理处。韩良源回忆道："那时候，我们每天都有做不完的叠山活儿，父亲带着我们扑在工地上，不用操心一家人吃饭的问题，要考虑的只是怎样把假山叠好。那个时期，我们韩家参与了苏州拙政园、留园、网师园、沧浪亭等闻名中外的江南园林的修复工程。" [15] "我在1951年到1952年，参加了南京瞻园假山的维修工作。瞻园始建于明代，其太湖石假山历史悠久，艺术价值很高。因此，有关方面对这次修缮工作十分重视。著名古建筑专家、南京工学院建筑研究室主任刘敦桢先生直接指导了这个项目。我有幸在这时认识了他，并在半年多的时间里，与他单独相处，得到了他的悉心教诲，对我在今后几十年从事叠山工作的影响，可以说终生难忘。刘先生非常喜欢我们这些年轻的叠山者，他在研究室里每次开课讲造园，必定叫我去旁听，我成了南京工学院的'编外大学生'。记得当时研究室共有12位研究生和讲师，像潘谷西先生、朱鸣泉先生、詹永伟先生等，现在都是国内外有影响的园林专家，我作为一个普通工人，能和他们同堂听课，兴奋和激动的心情可想而知。" [16]1957年11月30日，刘敦桢教授在百忙之中写信给韩良源、韩良顺，专门探讨叠山中的技术理论问题，对湖石假山和黄石假山的审美、设计、选石、堆叠等都进行了详细的分析和说明，使年轻的韩氏兄弟受益匪浅，在叠山理论上有了很大的提高。此信作为造园叠山的理论经典，被收入《刘敦桢全集》第四卷。

"大韩（韩良源）迄今为止一共堆了多少假山，他自己一时也说不清楚，大韩从14岁开始叠山生涯，60年的岁月也确实够漫长的。他大致介绍了他们韩家所叠的一些名园中的假山，如现已成为世界文化遗产的拙政园假山、网师园假山、沧浪亭假山、留园假山、耦园假山，以及南京原总统府西花园假山、瞻园假山、上海豫园假山、上海西郊公园假山、儿童医院假山、同里退思园假山……”[17]“韩良源介绍，他在中华人民共和国成立前后都修过园子，而他父亲也干了一辈子，估摸已经修复过100多个园子。”[18]改革开放后，韩良源参加北京大观园、玉渊潭、山东李清照词园，淮安清晏园等园林大型假山的堆叠。有一些园林假山，由于有着开创性的意义，令他至今难忘。

韩良源的从艺经历大致可以分为3个阶段，中华人民共和国成立前主要是跟随父亲，是学习的阶段；中华人民共和国成立初期在父亲的指导下主持施工，是成熟创新的阶段；改革开放后，是总结传授的阶段。晚年韩良源集一生之造园叠山经验，曾对报刊媒体发表过一些零星的体会和感想，现归纳总结如下：

第一，要广收博览，向自然学习，不能闭门造车。要来于自然，又要高于自然。还要多研究老园子，了解各朝代造园的风格，去其糟粕，取其精华，古为今用。

第二，造园者要学习多方面知识，既要了解山岳的演变过程和岩石的形成原理，也要学习建筑结构理论，掌握绿化配置；还要研究中国山水绘画，懂得构图、节奏、色彩。

第三，园林是一个和谐的整体，要以建筑为五官，假山为骨骼，植物为毛发。

第四，山要有动势，水要有变化。山有正、斜、卧、飞、缝、并、峰、密、峭、洞、环、断、麓、谷；水有瀑、泉、溪、涧、潭。

第五，我们既要学习古人造园叠山的经验，也要勇于突破和创新。要继承，更要发展。

韩良源经历过灾荒战乱，也赶上了社会安定、国家富强的好日子，手艺人一生别无他求，只想踏踏实实地把自己手里的活儿做好。“他曾深情地回忆起20世纪50年代和家人一块堆假山的幸福时光，他说那时节

真有做不完的假山生活，父亲和他们兄弟俩和两个妯娌，一家5个主要劳动力，都扑在工地上，新中国了，不用操心一家人吃饭的问题了，要考虑的只是怎样把山叠好，毕竟老韩家叠山是有历史的，要放点样子给大家看看。”[19]他做到了，老人家应该心满意足了。“苏州世界遗产办公室的沈亮先生告诉我：韩家是一个名副其实的叠山世家。韩老虽年事已高，深居简出，但这几年苏州大小园林的修复，无论哪家都要请他去看上一看，提提意见。这样的邀请他从不回绝，因为他放心不下，苏州园林里的假山，大半儿都是由韩家建造或者修复过。”[20]深圳大学教授吴肇钊赞誉韩家假山说：“古有戈裕良，今有韩良源。”[21]

山石韩第三代传人韩良源

（一）上海龙华烈士公园红岩假山（1964年）

在韩良源70多年的叠山生涯中，上海龙华烈士公园红岩假山巨石是他突破传统手法的大胆创新、是浓墨重彩的一笔。龙华烈士公园前身名“血华公园”，始建于1928年，为阵亡烈士陵园。1952年上海市工务局园场管理处接管整修，1952年5月1日对外开放，更名“龙华公园”。1964年，上海市人民政府决定再次对公园进行扩建，以纪念“龙华七十二烈士”。上海园林管理处派人专程到苏州找到韩良源，请他在公园大门中央设计并堆叠一座“红岩”巨石假山，以象征先烈们忠贞不渝、视死如归的英雄气概，表达对先烈们的崇敬之情。设计之初，韩良源先画出草图，后为了更充分地表达方案构想，又以胶泥做成“巨石”模型，经上海市政府民政局、园林处领导以及各方专家的讨论，在假山的造型设计上，不做传统假山玲珑巧搭的变化，而以平正敦实为追求，最终几易其稿，方案定型通过。为了更好地表现设计意图，韩良源经过多方实地勘查，最终决定选用上海佘山的红色砂岩作为叠山材料，这种岩石由于含铁量较高，氧化后呈现出一种独特的暗红色，且外形方直，质地坚硬，具有慷慨悲壮的意境。堆叠时以国画中的“折带皴”和“斧劈皴”相结合，结构用叠、按、卡、压、挑、衬、咬、拉的力学手法，不做小的纹理层次，而以大的转折体现出巨石庄严、挺拔的造型特点，最终拼叠成浑然一体、大气磅礴的整块标志性巨石，竣工后石高12米，宽5米，厚3米，造型雄伟，颜色厚重，与环境完美统一，达到了预期的设计效果。

以岩石堆叠成浑然一体的巨峰，在传统假山的堆叠中是没有的，红岩巨石无论在立意还是堆叠上都是一种创新，为现代造园叠山的发展做出了探索，得到了业内专家和广大游客的广泛认可和好评。陈从周在《梓室余墨》中说：“上海龙华苗圃假山乃苏州韩氏兄弟所堆。韩氏兄弟良沅（源）、良顺承其父步本之业，技有跨灶之誉。”[22]

韩良源有8个孩子，四男四女，其中有两个儿子从事园林行业。三子韩啸东随父亲学习造园叠山；五子为园林科班毕业，毕业后分配在扬州园林局从事园林设计，后走上领导岗位。

上海龙华烈士陵园红岩石

（二）修复苏州同里退思园（1984年）

退思园位于苏州市吴江同里镇，始建于清光绪十一年至十三年（1885—1887年），占地9亩8分，园主人为安徽兵备道任兰生，字畹香，号南云。光绪十一年（1885年）正月，落职回乡，花10万两银子建造宅园，名为“退思”。园名取自《左传》“进思尽忠，退思补过”之意。退思园的设计者袁龙，字东篱，诗文书画皆通，曾以倪云林“平远山林”画意自建“复斋别墅”小园，故受聘主持营造退思园。他以绘画原理置陈布势，全园以水池为中心，亭台楼阁全部贴水而建，成为江南园林中别具一格的贴水园林。就在退思园落成的第二年，园主任兰生病逝，家人悲伤至极，闭园门20多年不曾开启。故此园至中华人民共和国成立初期，尚保存完好。

1958年，退思园花园被同里机电站占用，花园东侧为大炼钢铁指挥部，北侧为高炉群，园林遭到严重破坏。“文化大革命”中，退思园闹红一舸船舫倒塌，天桥及九曲回廊被拆，百年古松被伐。其后该园又被多家单位分割占用，吴江晶体管一厂占用庭院及花园大部，同里镇中心小学占用桂花厅及琴房，同里镇工会占用门厅、茶厅、正厅、走马楼及下房，退思草堂被镇办针织厂用作生产车间，走马楼和下房分别被镇委员会和镇政府占用。由于长期只使用不修缮，以致楼阁倾危，花木凋零，假山坍塌，池水污秽不堪，名园日渐颓废。

1980年12月，江苏省太湖风景区建设委员会成立，退思园被列为第一批抢修项目。1981年年初，由同里镇党委、吴江县城建局、同里镇房管所、同里镇文化站等单位抽调9人，组成退思园修复领导小组，开始了对退思园的清理及抢修工作。同年3月，太湖风景区建委下发《修复退思园的意见》，提出“恢复旧貌”的修复原则。1982年2月，第一期修复工程开始，主要复建了花园和庭院部分，修复了退思草堂、菰雨生凉轩、坐春望月楼、岁寒居等，重建了琴房、闹红一舸、桂花厅、九曲廊等。假山部分是整修的重点，韩良源根据清代叠山的风格和设计人员的意见，仔细研究了现场部分遗存的山石，挖池清淤，重做基础，按照“恢复旧貌”的修复原则，重新堆叠、整修了池塘山石驳岸和眠云亭假山。眠云亭假山为上亭下室的两层结构，下层以湖石堆叠，有山洞磴道上达山亭，峰石玲珑、石径崎岖，登亭迎风待月，令人心旷神怡。石室前的地坪上，以鹅卵石镶嵌而成的“瓶生三戟”图案，体现了清代造园的历史特征。1983年6月，来自全国各省市的55名专家学者及有关领导，查看了退思园的施工现场，对退思园修复意义和工程质量给予极高的评

苏州同里退思园闹红一舸

苏州同里退思园眠云亭

价。1984年1月，历时两年多的一期修复工程圆满结束，退思园庭院及园林部分正式对外开放。退思园集清代苏州园林之所长，又在江南园林中独辟蹊径，宅邸以春夏秋冬四景为主线，花园以琴棋书画四艺为主题，匠心独具，巧夺天工，精巧玲珑，清新淡雅，堪称江南古典园林的经典之作。

1982年，退思园被列为江苏省文物保护单位；1999年，退思园获得“苏州市十佳园林”称号；2000年，退思园被列入《世界遗产名录》；2001年，退思园被列为全国第五批重点文物保护单位。

（三）虎丘万景山庄框景假山（1982年）

万景山庄位于苏州虎丘山东南麓，这里原来是东山庙遗址。1982年苏州园林局营建盆景园，将这里改造为一处仿古传统园林景区，收藏了众多苏派盆景精华。进园有“亦山亦水”框景门，门对景为黄石瀑布大假山，是韩良源盛年用心之作，主峰高7米，宽25米，上有跌水入池，右侧有山溪、磴道。虎丘自古为吴中第一胜景，尤以奇山怪石、峭壁深涧著称，在风景名胜前面叠假山，无异于班门弄斧，其难度可想而知。韩良源在构思时听取了多位专家的意见，为了与环境取得统一，采用与虎丘剑池相同的黄石为叠山材料，造型上以虎丘山峭壁景观为灵感，着重体现崖壁、瀑布、深潭、涧壑，遗貌取神，追求神似。堆叠时选择颜色、纹理类似的山石进行组合，纵向不做大的进出退让，缩小瀑布水口宽度，使跌水形成有厚度的水帘，峰头结顶平实稳重，不做大的起伏跳跃，着重体现壁立千仞、雄浑大气的景观特点，山脚随意跳点数石，尽现余脉自然活泼之态，与虎丘剑池“风壑云泉”形成呼应。为了节省山石、丰富景观，韩良源参照小说《红岩》封面版画岩石图案，将山崖向外挑出，崖下堆叠出进深一米多的石洞，洞顶采用钢骨悬石的做法，局部以小石镶嵌，然后勾缝拟纹、植草布苔，与崖壁融为一体，浑然天成，以造成水帘洞的效果，后因设计人员反对，将悬挑部分拆去，山洞也被封死，殊为遗憾。从门外整体望去，洞门与假山形成框景效果，假山跌泉越壁而下，直泻潭中，恰似一幅立体的山水画卷展现在游人面前。

万景山庄弥补了虎丘山东部景观不足的缺陷，将自然山水与人工建筑巧妙结合，利用地形的自然起伏变化，随高就低，因地制宜，摆放各类盆景500多盆，与西侧拥翠山庄形成呼应之势，为虎丘风景区中又添新景，受到了广大游客的喜爱。虎丘万景山庄假山堆叠于1982年，当时正是园林大发展的初期阶段，急需造园叠山的专门人才，苏州园林局借此施工机会，挑选了10名青年工人，跟随韩良源边学边干，这些年轻人后来大多成了苏州园林系统的骨干。

苏州虎丘万景山庄——亦山亦水框景假山

苏州虎丘万景山庄亦山亦水框景假山跌泉

二、第三代传人韩良顺

韩良顺，1933年出生于苏州山塘街前小郗弄，不仅天资聪慧、喜爱山水绘画，还对假山奇石有着浓厚的兴趣，13岁开始随父学习造园叠山，15岁已掌握叠山的基本技能，可独立完成一些简单的点景项目。中华人民共和国成立初期，许多园林损毁严重，亟待维修保护，政府开始广招民间能工巧匠，修缮园林古迹。当时主要有浙江“金华帮”朱氏、扬州的余氏和王氏、苏州的韩氏和凌氏，以及北京的张氏。其中苏州韩家、浙江朱家和扬州王家同为江南叠山名家，而以韩家声誉最高。苏南文物保管委员会经多方考察，最终选中山石韩，由他们担当首修重任。

拙政园1951年开始第一期修复，1952年11月维修完毕，对外开放，取得了圆满成功。1953年，苏州园林修整委员会成立，韩氏父子又先后参与修复拙政园中、东部，留园，狮子林等古典园林。在维修过程中，有幸与著名古建筑学家刘敦桢、园林古建专家陈从周等人深入接触，当面聆听他们的教诲，又得到园艺家周瘦鹃、汪星伯在盆景、山水绘画方面的指点，使其造园理论和叠山技艺显著提高。1958年，鉴于韩良顺的出色工作，苏州园林管理处任命他为山石队队长。之后他一度被派去苏州胥钢厂炼钢铁，后被刘敦桢教授要回，修复网师园、怡园等名园。1960年参加南京瞻园修复，又被安排修复杭州的汪庄、刘庄假山。1962年，韩良顺被苏州城建局长张伯超

山石韩第三代传人韩良顺

调回苏州，修复耦园、东园黄石假山和西园太湖石假山。1965年，完成苏州环秀山庄修复后，本计划第二年修复虎丘“第三泉”假山，后因故终止。1969年，韩良顺全家被下放到江苏盐城阜宁县左夏大队第六生产队务农，后到阜宁县农机厂负责农机零件的模具制作。1978年，韩良顺全家返回苏州，韩良顺及爱人华娇美重回苏州园林管理处，并参加了中国第一个出口园林“明轩”假山的实样设计和施工。

之后，韩良顺调入外交部钓鱼台国宾馆管理局，从事造园叠山工作，其间又帮助京西宾馆、航天部第一研究院等单位设计花园、造园叠山。1997年，韩良顺与协助其工作的妻子华娇美一起，从外交部钓鱼台国宾馆管理局退休。韩良顺与华娇美共育有4个子女，两男两女，大女夭折，长子韩建中、次子韩建伟、小女韩雪萍，全都从事造园叠山之业。韩良顺代表作有承德避暑山庄、北海静心斋、明轩、钓鱼台国宾馆等。

（一）承德避暑山庄（1976年）

避暑山庄建于清康熙四十二年（1703年），成于乾隆五十五年（1790年），是清代前期重要的政治活动场所。咸丰十一年（1861年），朝廷下令停修避暑山庄，至清末，山庄文园狮子林、珠源寺等部分建筑已经坍塌。民国时，军阀姜桂题、汤玉麟先后统治承德，大肆拆毁山庄建筑，盗卖文物、建材，后又经日本掠夺、战乱损毁等，幸存古建只有原来的1/10，山庄内进驻了10多个单位、400多户居民，私搭乱建房屋超过7万平方米，避暑山庄已经面目全非。

1975年，承德市委、市政府制订《承德避暑山庄、外八庙整修工程十年计划》，开始了大规模的修复工作。由于避暑山庄景观大多源自江南名园，其中假山的修复又是重点和难点，1976年，国家文物局派避暑山庄李作恒科长，南下江苏寻找山石韩第三代传人韩良顺。由于韩良顺已离开苏州9年，李作恒科长来到苏州时已无处寻找韩良顺，有人说韩良顺已去世，有人说已经改行了，有人说去苏北了，最终李科长从玄武湖

一名老花工口中才得知其下落，几经辗转终于在阜宁县农机厂找到他。但此时他已是农机厂的制模骨干，厂里推诿扯皮，不愿放人。李科长无功而返，只好跑到北京，找国家文物局开具调令，再次前往阜宁县委软磨硬泡，后在县委的协调下，农机厂同意放人，前提是韩良顺必须培养出两个能接班的徒弟。3个月后，徒弟学成，几经周折，才促成韩良顺全家北上。

烟雨楼在如意湖青莲岛上，是乾隆时期仿嘉兴烟雨楼而建，虽然建筑规格要小于嘉兴烟雨楼，但假山却有过之而无不及。此时，假山不但面目全非，还存在着巨大的安全隐患。韩良顺到了现场，看到眼前这派景象又悲又喜，悲的是珍贵的假山文物损毁严重，喜的是10年之后还能重操旧业。

文物修复要尊重历史原貌，缺少资料便没有修复的依据。经山庄领导和职工的多方征集，只从民间找到一张抗战时期烟雨楼假山的老照片，虽然照片已经泛黄残破，但总算有了依据可循。烟雨楼大门西侧假山为景区主景，假山中空如室，东、南、北，分别设有3个洞口，另外还建有3个透光洞，山顶建六角亭，两侧有叠石山道可达。假山采用当地产的黄石堆叠，纹色古拙，造型奇绝，具有北方假山奔放、雄浑、大气的特点。修复时先清理倒塌山石，露出未摧毁部分，山庄技术人员拍照、测量留作资料，然后重新开挖基槽夯实，填充40厘米厚级配砂石、50厘米厚钢筋混凝土。堆叠从南洞开始，结构以拱券和挑压相结合，先洞内，后洞外，洞顶用致密无裂的大石作为盖顶，以保证山上六角亭的安全，洞口是假山的门面，选用预先留好的纹理明显、风化充分的山石堆叠。其手法采用国画中的“云头皴”“披麻皴”，凹凸进退、藏露有致，但又注意避免3个洞口在造型上的雷同。山洞完成后，重修了六角亭，有山道东南而上，穿亭西北而下，四周沿岭起峰，成林立之势；山脚接脉，显回转之形。再经后期树木花卉的衬托，烟雨楼假山更加浓郁苍翠。每当山雨蒙蒙，湖雾弥漫，从对岸知鱼矶远望，烟雨楼好似仙山楼阁，缥缈于青山绿水之间。

首战告捷，韩良顺随后又修复避暑山庄文津阁、沧浪屿、月色江声、小金山等假山，并再现了文津阁假山“日月同辉”奇观，得到业内专家、游人的广泛认可。现避暑山庄为“全国重点文物保护单位”，1994年被列入《世界遗产名录》。避暑山庄的修复是在各方面条件极其困难的情况下进行的，我们现在看到的避暑山庄假山，基本上都是由山石韩第三代传人韩良顺带着两个儿子修复的。避暑山庄修复的成功，除了山石韩技艺未失、修复者吃苦耐劳外，也与山庄领导和文物、园林专家的努力和帮助分不开。中国园林专业的创始人汪菊渊院士、园林古建专家赵光华先生，都是在这一时期与韩良顺结识的，并保持了深厚而长久的友谊。孟兆祯教授后来说道：“山石韩是在苏州传承了150多年4代

1976 年，韩良顺、华娇美在修复承德避暑山庄烟雨楼假山间隙

修复后的承德避暑山庄烟雨楼假山

掇山的匠师，因欣逢盛世而有现代掇山实践发展。鉴于学科学习的需要，我早年就与韩良顺、韩良源相识，并以跟班学习的方式，向他们学习置石掇山的专门技艺，作为设计掇山的实践基础，受益匪浅。”[23]

（二）北海静心斋（1977年）

静心斋原名镜清斋，位于北海公园北岸，始建于乾隆二十二年（1757年），原是清代皇子的读书斋。全园以假山岩洞为主景，亭榭楼阁，小桥流水，幽雅宁静，布局巧妙，是一座建筑别致、风格独特的“园中之园”，体现了清代皇家园林的艺术精华。1949年1月13日北平和平解放，2月1日北海公园虽重新对社会开放，但园内团城、澄观堂、静心斋和蚕坛，分别被文化部、北京图书馆、国务院参事室、中央文史馆及北海幼儿园使用。1981年11月，静心斋归还北海公园，1982年5月2日，静心斋正式向中外游人开放。

1976年7月28日，唐山大地震波及北京。北海部分古建、假山遭到不同程度的损坏，善因殿墙身多处裂缝，普安殿院内古建筑山墙倒塌，烟云尽态石亭和濠濮间石牌坊石榫断裂、结构松脱，东岸院墙倒塌300多米，静心斋主景枕峦亭假山临水崖壁倒塌，剩余山体也不同程度地出现裂缝。国务院参事室领导为了保障人员和山亭的安全，决定立即修复，施工由北京房修二公司古建工程处负责。为了便于维修加固，需要先拆除部分危崖，于是维修人员将山石逐块写上编号，每拆除一层还进行拍照记录，以便日后恢复参考。结果拆除的山石占了半个院子，虽有标记和照片，也还是无法复原。由于维修人员不懂山理，最终只能随意堆砌，修后的假山如同煤堆，毫无章法。参事室和文史馆的老先生都是能诗擅画的学问大家，如此叠山焉能过关？于是又反复拆、叠4次，山石伤痕累累，最终也未能通过。上级领导知道此事后指示："静心斋假山暂不修复，待寻访到专业人才再修。"这时国家文物局到承德避暑山庄检查叠山修复情况，看到韩良顺修复的文津阁假山，大喜过望，非常满意，于是没等承德的假山修复完成，便一纸调令将他调往北京，修复北海静心斋假山。

静心斋假山，为清代造园叠山名家山子张所为，石种为北方黄太湖石，全园山石遍布，林木茂密，布局具有明显的江南园林特征。枕峦亭坐落在主景假山上，假山下为山洞，三面环水，基础为柏木梅花桩传统做法，木桩之间嵌以毛石。假山临水崖壁的倒塌，主要是由于池水时盈时亏，导致木桩日久腐烂，因此，叠山之前首先要处理好基础，于是抽水清淤，挖槽铺石，改木桩基础为水泥基础。堆叠时由于部分山石已不堪使用，被填入基础，导致山石短缺，故假山水下部分使用新石，水面以上全部采用旧石。修复的重点在亭东南山洞部分，崖壁以国画"斧劈皴"的手法表现险峻，崖顶以"云头皴"表现雄浑，山洞以"迷远"增加意境。龟蛇斗法是静心斋的另一处假山景观，位于枕峦亭北面。龟蛇斗法即北神

“玄武”，是中国的四神之一，北海位于紫禁城西北，龟蛇斗法又居北海最北，可见当初是山子张有意为之。韩良顺在察看沁泉廊北部山形时，偶然发现这一假山遗迹，虽然山形曾遭毁坏，但仍可依稀辨认。山之象形，在似与不似之间，韩良顺本着遗貌取神的原则修复此景，恰如中国画之大写意。

施工过程中，参事室和文史馆的老先生们时常拄杖立观，并提出自己的看法和建议，有的还亲自画图示意，对韩良顺的修复工作帮助很大。参事室主任对韩良顺颇为关心，了解到韩良顺全家人的户口尚在苏北农村，便通过有关部门致函苏州市委，将其全家户口迁回了苏州。北京林业大学风景园林系孟兆祯教授得知韩良顺在静心斋施工，多次前往现场考察拍照，为了更深入了解叠山之技，掌握第一手资料，有时还赤膊上阵，与工人一起抬石打垫、勾缝抹灰，茶余饭罢又与韩良顺评石论

1977 年，修复北海静心斋北太湖石假山

修复后的北海静心斋枕峦亭假山

山、品园赏景，交谈甚欢，兴致高时，还拉上一曲二胡、唱上几句京戏助兴，是为园林界一段佳话。

（三）明轩（1978年）

1978年，韩良顺全家回到苏州，韩良顺也再次回到苏州园林管理处，为改革开放后第一个园林出口项目“明轩”建造实样。

20世纪70年代，美国纽约大都会博物馆从古董商手里购买了一批中国明代黄花梨家具，为了展示这些宝贝，博物馆董事、阿斯特基金会负责人文森·阿斯特夫人愿意出资赞助装饰，此建议得到了博物馆主任托马斯·霍文的支持。博物馆委托著名的舞台美术设计师李明觉先生进行展示设计。方案出来后，博物馆艺术顾问、普林斯顿大学艺术考古系主任方闻等专家，认为没有达到预期效果，展示方案被搁置。1977年冬，方闻随美国“中国古代绘画考察团”来华访问，为了探讨明式家具的陈

列问题，方闻提出想拜访中国古建专家，中方推荐了同济大学的陈从周教授。方闻与陈从周在苏州网师园进行了会晤，方闻对陈从周说："我们博物馆收藏了许多中国明代家具，一直想把它们陈列出来，但不知道摆放在什么场所效果最好。"陈从周听罢笑言："明代家具当然要摆放在明代建筑里面呀。"方闻如梦方醒，随后方闻在陈从周的陪同下，参观了沧浪亭、狮子林、拙政园、留园等苏州古代名园，随后，双方在上海锦江饭店又进行深入交谈，在大的方向上达成了一致。

1978年4月，方闻以纽约大都会博物馆的名义给中国国家文物局发来一封信函，希望中方在大都会博物馆援建中国苏式古建。国家文物局和国家建委立即向国务院打了报告，1978年5月26日报告获批。同年夏，方闻和李明觉来到北京，与国家文物局和苏州园林管理处代表进行了详细商谈，之后又到苏州实地考察，最终纽约大都会博物馆方面同意复制苏州网师园殿春簃的方案。同年9月，建设部城建司通知苏州园林管理处，由他们承接此项目，并告知美方已经寄来了建筑图纸，让他们立即着手设计。1978年9月18日，国家城建总局副局长于霖在苏州网师园召开会议，"苏州园林管理处援外殿春簃工程"班子正式成立，项目由苏州城建局副局长、园林管理处副处长负责，同济大学的陈从周教授被聘为顾问。当时苏州的园林营造基本属于停滞状态，只保留若干维修人员，在市城建局的协调下，从全市抽调邹宫伍、陶维良、石秀明、张慰人、王祖欣等6人，在网师园内找了间房子便展开了工作。建筑施工图由邹宫伍、王祖欣和张慰人负责设计，但假山设计由于没有合适的人选，成为难点和重点。此时静心斋的修复尚未完成，有关部门硬是将韩良顺调回苏州，参加"明轩"的假山设计和模型制作。中国园林的营造，古建筑因为有《营造法式》的程式，发挥余地不大，一个园子的优劣，很大程度上取决于假山堆叠水平的高低。在苏州园林管理处设计明轩的同时，南京工学院也做了全套方案，其设计之专业，绘图之精美，连苏州园林管理处“明轩”的设计人员都自叹不如。结果上报时，因为假山设计存在缺陷，国家建委最终选用了苏州园林管理处的方案。

1978年11月11日，国家建设部邀请陈从周作为顾问，同苏州市园林管理处副处长章表荣、规划建设科副科长陶维良，带着设计图纸、模型和报价前往美国。模型送到美国后，得到博物馆董事阿斯特夫人、方闻教授、建筑师贝聿铭先生等人的一致认可，但美方怀疑中国当时的建造能力，提出先用6个月的时间在苏州建一比一实样，经美方专家认可后，再赴美组装第二套，因而美方主动将报价提高至300万美元，并签订了备忘录。12月22日，中国驻美使馆文化参赞谢启美代表中方与纽约大都会博物馆签了建造合同，方闻教授将该项目命名为“明轩”。签约之后，经中央特批，梁柱所用楠木全部从四川采伐；苏州陆慕御窑也重新启用；施工人员每人奖励25元。之后，园林处在报恩寺院内搭了个棚子，正式开工制作。假山部分由韩良顺负责设计、选石，在苏州东园现场堆叠。实样建造期间，美方曾7次派人到苏州现场考察，1979年5月5日，“明轩”实样在苏州东园建成。6月，年近八旬的阿斯特夫人一行20多人来到苏州，园林管理处还特意从动物园借了几个鸟笼，挂在园子里增加气氛。阿斯特夫人考察后非常满意。“明轩”实样刚刚建造完成，韩良顺即受邀前往北京，参加钓鱼台国宾馆的修建工作，美国大都会博物馆的假山，由朱光辉按实样效果堆叠完成。

1979年11月6日，“明轩”的建筑材料从上海港启运，一共装了193个箱子。12月31日，27名施工人员在园林管理处章表荣、陶维良的带领下分两批赴美，到达纽约后，卡特总统来到住所慰问，并请工人吃了迎新年晚餐。1980年1月2日，“明轩”正式开工，经过4个多月的紧张施工，5月23日完工，5月30日顺利通过了竣工验收。美方在验收协议中写道：“（明轩）庭园完全符合关于制作交付、重新安装的所有合同约定，博物馆要感谢代表团空前的合作，以及他们用高超的技术完成项目的专业精神。”博

物馆董事阿斯特夫人称赞说："中国人的聪明才智使我深为感动。"博物馆董事长菲利普·蒙特白在写给苏州园林管理处的信中说："（明轩）工艺质量，达到了值得博物馆和您的政府今后自豪的标准。"

"明轩"建造在博物馆二楼，庭园长30米，宽13.5米，四周是7米多高的风火山墙，上覆玻璃顶棚，粉墙黛瓦、翼亭曲廊、假山供石、苏式花窗，俨然是殿春簃的孪生姐妹，达到了预期效果。这是中国园林第一次走出国门，受到广泛关注。"明轩"项目开创了中国园林走向世界的先例，并创汇130.29万美元。两年后，美国记者曾专程到北京采访韩良顺，了解"明轩"的建造过程和中国园林的无穷魅力。之后，韩良顺又多次参加出口园林的建设，1985年参加了加拿大温哥华逸园的建造，1989年为美国纽约科技大厦屋顶花园设计了太湖石假山，1990年参加了

苏州东园的"明轩"冷泉亭实样

苏州东园的“明轩”曲廊实样

德国鲁尔大学植物园中国园的建造。

（四）钓鱼台国宾馆（1979年）

钓鱼台国宾馆位于北京玉渊潭公园东侧，昔日为帝王游憩的行宫，始建于金代，为北京著名的园林之一，迄今已有800多年的历史。中华人民共和国成立初期改建为钓鱼台国宾馆，由著名的建筑设计师张开济先生设计，1958年10月23日开始动工，占地面积40多万平方米，保留了旧宫的原貌，亭、台、斋、院、轩各具特色，馆内北太湖假山由张蔚庭堆叠，1959年中华人民共和国成立10周年落成，是当时的北京十大建筑之一。20世纪六七十年代，外事活动减少，南半部基本闲置不用。改革开放后，中国对外交往增多，为了接待外宾，钓鱼台国宾馆开始全面整修。1979年，韩良顺借调到钓鱼台国宾馆管理局，参加园林景观整修工作。

养源斋在钓鱼台国宾馆西北角，原为皇家行宫，建于乾隆三十八年（1773年），辛亥革命后溥仪曾将养源斋赐予其老师陈宝琛。随着国际交往的增加，国宾馆决定将养源斋扩建为宴会厅，以接待外国政要。养源斋为一处北方风格的院落，院门向东，院内回廊环绕，新规划将北房改为“品”字形宴会厅，西房、南房为会客厅，西南角借鉴了苏州拙政园的小飞虹，将院外河水引入院中，宴会厅对景为瀑布假山，山上建六角亭，回廊环绕，山石苍古，水泻成瀑，下注为池，其假山水景有画龙点睛之妙。潇碧轩，呈“品”字形，南面临池，可投竿垂钓。澄漪亭是行宫的最高处，亭外林木环抱，可透览四面风光。养源斋古建部分由北京房修二公司施工，假山、水系由韩良顺设计、堆叠。

钓鱼台东门是国宾馆正门，原有张蔚庭堆叠的北太湖假山一座，因山形单薄，体量较小，不能体现国宾馆代表国家的形象应有的气势，经研究决定，全部拆除，由韩良顺重新设计、堆叠。此处原有古松一株，主干斜探，枝条遒劲，有黄山迎客松之神韵。韩良顺以此为灵感，设计出大斧劈风格假山，以求黄山之画意。

为了降低造价、节约成本，韩良顺决定在北京周边寻找新的石种。经过一个月的奔波，北至密云，西到房山，实地勘查、采样拍照，反复比较石质、采挖、道路、运距等因素，最终选定昌平下庄一条峡谷河床中的水冲石作为叠山材料，此石色白如玉，纹理清晰，符合现代审美简洁、明快的要求，由于产地属于燕山山脉，故命名为“燕山石”。钓鱼台东门大假山完成后，钓鱼台国宾馆管理局局长翟荫塘曾邀请黄胄、亚明等画家现场观看，得到画家们的一致好评。现在，东门大假山已成为国宾馆的标志性景观，同时也是韩良顺叠山的代表性作品。

1984年，韩良顺正式调入钓鱼台国宾馆管理局，并成立了造园叠山工作室，专门从事造园叠山的研究工作，在此期间，除了完成国宾馆内的北大门障景山、养源斋、12号和18号总统楼室内花园、大瀑布、俱乐部、丹若园、7号楼庭院等处的园林设计和施工，还应邀为其他单位设计施工了园林景观：1980年应颐和园之邀对仁寿殿后土山、知春亭护岸石等提出山石改造建议；1984年为京西宾馆堆叠瀑布假山；1986年应烟台宾馆之邀对整个庭院进行园林设计；1987年应中央工艺美术学院邀请，赴深圳对云南大厦屋顶花园进行设计并施工；1992年为航天部第一研究院设计“桃源”，堆叠了主景大假山；1995年，韩良顺被聘为圆明园造园叠山顾问，为恢复圆明园水系驳岸提出建议并进行了施工。

1997年5月19日，韩良顺从钓鱼台国宾馆管理局退休。韩良顺从事造园叠山60多年，先后受到过刘敦桢、陈从周、周瘦鹃、吴良镛、石秀明等专家学者的指导和帮助，中国南北名园几乎都留有他的足迹，这在中

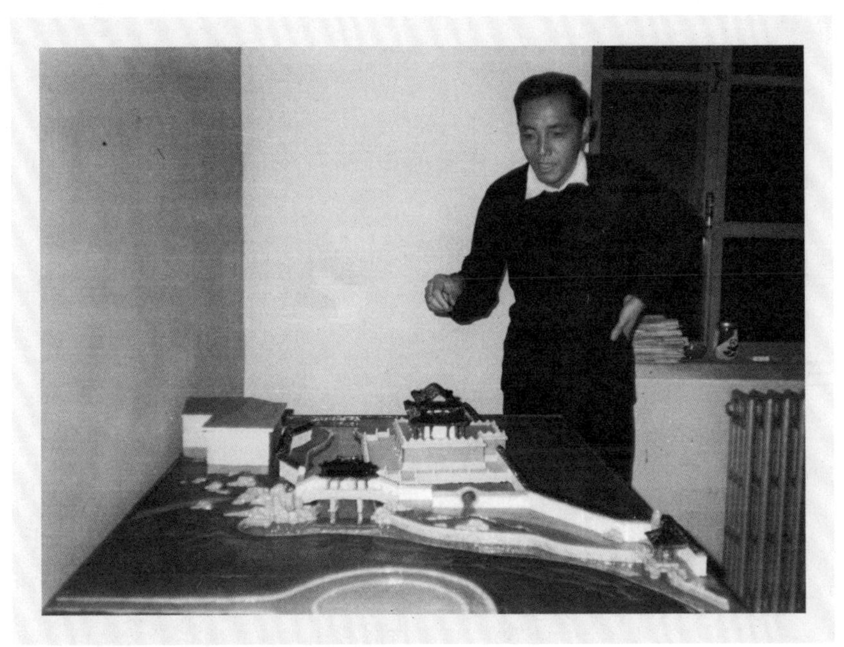

1979 年，山石韩第三代传人韩良顺制作钓鱼台国宾馆古钓鱼台修复模型

钓鱼台东门障景山

国造园叠山史上实属罕见。退休后，韩良顺集一生造园叠山经验，出版了《山石韩叠山技艺》一书，详细介绍了山石韩的叠山技艺，为后人留下了一份宝贵的园林文化遗产。2013年，韩良顺被联合国教科文组织、《姑苏晚报》联合授予“苏州古建筑营造修复特别荣誉奖”。

三、第三代传人韩良玉

韩良玉，又名良余，1939年出生于苏州山塘街前小郗弄，少年时与两位兄长一起学习过造园叠山，1964年，响应国家号召到青海支边，“文化大革命”期间改学农牧专业。20世纪90年代后，国家开始大力改善居住环境，城市大力推进绿化美化工作，急需园林专业人才。1979年，韩良玉调入无锡市园林局，从事造园叠山工作。改革开放初期，韩良玉被无锡园林局派往北京开展业务，先后承接了天津友谊俱乐部燕园假山、北京日坛公园、北京昆仑饭店、北京团结湖公园、德国鲁尔大学植物园中国园、河北廊坊人民公园、河北山海关姜女庙、河北石家庄水上公园、湖北武汉中南政法学院、山东烟台蓬莱市蓬莱村等项目，直到2000年退休。

山石韩第三代传人韩良玉

韩良玉自幼生活在江南，又在西北生活了近30年，对于南北园林的差异和自然山水的丰富性有着深刻的认识。他将江南叠山灵秀、淡雅的手法，与北方皇家园林雄伟、壮观的风格结合起来，创造出兼具雄壮大气和柔美细腻的独特风格，并在实践中进行不断完善，形成了自己的叠山风格，从大到上万吨的大型假山作品，小到几十平方米的别墅庭院，都能以多变的手法、自然的造型而独树一帜，受到园林界广泛好评。其代表作有北京日坛公园四季假山、北京植物园绚秋苑水源与驳岸假山、北京香山公园璎珞岩假山等。

（一）北京日坛公园四季假山（1983—1984年）

日坛又名朝日坛，明嘉靖九年（1530年）五月开始修建。日坛是明、清两代帝王祭祀大明之神（即太阳）的场所，清道光皇帝以后，祭日的礼仪逐渐荒废，护坛人员裁撤，日坛多年失管、失修，坛内建筑由于无人管理逐渐破败。中华人民共和国成立以后，北京市人民政府决定将日坛辟为公园。1955年开始进行规划设计；1956年，北京市园林局征用四周土地，将公园面积扩大到206200平方米；1969年10月，日坛公园

开始接待游人。改革开放后，公园在广泛听取专家和市民意见的基础上，根据公园所处的位置和特点，制订了日坛公园的整体规划，确定日坛公园应面向中外游人，建成具有中国坛庙风格的古典皇家园林。这一总体规划得到市、区两级领导的批准。1983年起，公园进行大规模建设，逐年修建了牡丹园、清晖亭、曲池胜春园等景区。

山水园在公园的西南角，主景为瀑布大假山，山高9米，宽50米，主峰下为大瀑布，前有大片水池，池内遍种荷花，池岸叠以山石，山南麓水中置汀步、石矶，沿湖植柳，瀑布后为土山，奇松古柏，浓荫蔽日。假山对景为水榭、曲桥，西侧石舫，东侧笠亭，环顾四周，景致颇为丰富。此假山不但能远观近赏，还可登临眺览，这在一般园林中并不多见。韩良玉在堆叠时特意设计了两条登山线路，一条是假山南侧的临水盘道，由山前石径、汀步，山洞、半岛组成，山洞呈“U”字形，东西贯通，洞内的“迷远”做法尤为精彩；另一条是山后游览磴道，游人辗转

北京日坛公园假山临水山石步道

▍北京日坛公园瀑布假山岩壁

曲折而上，有山阶、退踏（连续台阶中的休息平台）、山涧、山溪，瀑水穿涧而过，由于跌水落差的不同，流水可以发出不同的音响，灵感当来自无锡寄畅园，故亦名为“八音涧”。假山选用房山石，用石7000多吨，这在当时是最大的人工假山。

（二）北京植物园绚秋苑水源与驳岸假山（1988年）

绚秋苑是北京植物园的一个景区，占地6.16公顷，以观赏秋景为主，该区种植了16个属23个种的植物。景区总体追求自然、简洁的风格，突出银杏、栾树、元宝枫等彩叶乔木，以及观叶、观果灌木和松柏、菊花，着意渲染北京秋天的景象。以秋花、秋叶、秋实表现秋色丰富的绚丽，既体现了植物园的科普功能，又为闻名遐迩的香山秋色平添新景。绚秋苑是北京植物园的重要展区之一，也是北京市市花展览的布展中心。每至秋日，数万株菊花或点缀于林缘水际，或精心布置成新颖别致

北京植物园绚秋苑澄碧湖北瀑布

的花雕小品，更令满苑锦绣，溢彩流芳。

景区北侧为人工挖成的澄碧湖，水面占地2.1公顷，平湖石矶，绿荫接岸，下渡木桥，上溯溪瀑。韩良玉以跌水瀑布为创意，利用北高南低的自然高差，在水源头建三孔石拱桥，桥下以房山石横纹堆叠，形成三层跌水坝，坝宽10余米，两岸配以山石驳岸。每到雨季丰水期，瀑水下注，击石有声，玉珠四溅，雾气弥漫，其景象颇为壮观，有黄河壶口之神韵。为了避免假山造型上的雷同，韩良玉在湖南侧出水口，堆叠涧壑山溪小景，与湖北端瀑布形成对比，湖水蜿蜒以出，芦苇随波摇曳，给人以清雅、幽静之感，两处假山以不同的风格共同烘托景区主题，表现出一动一静的不同意境。植物园绚秋苑景区竣工后，当年即被评为北京市园林作品二等奖。

（三）北京香山公园璎珞岩假山（1989年）

璎珞岩位于北京香山公园内，始建于明代，清中期递修，为乾隆二十八景之一。假山叠于山麓，随高就低，因势而成，采用当地青石，是一处人工堆叠的石山。有山泉下注小潭，淙淙水声，动听悦耳，水潭南建一小方亭，四周老松古柏，合抱参天，亭悬匾额“清音”，点出坐亭听泉的主题。旧时有乾隆诗刻摩崖石，今已不存。山上有“品”字形敞厅，内有康熙皇帝御书“绿筠深处”匾额，敞厅周围遍植筠竹以点题应景，满目秀色，浓翠欲滴，《日下旧闻考》称此处：“亭之胜以耳受，岩之胜以目谋，澡濯神明，斯为最矣。”

假山修复前，有近400立方米山石塌毁，坡地池前，乱石狼藉。1984年，香山公园管理处决定恢复璎珞岩景观，假山由山石韩第三代传人韩良玉主持修复。此项目的最大难点在于古树名木的保护，施工中既要使用吊车，又要避让周边的古亭、树木，工程进度异常缓慢，吊装费用也增加不少，但为了保护历史建筑、古树名木，这些付出都是值得的。韩良玉在深入了解璎珞岩假山的背景资料后，决定假山造型参照清晚期皇家叠山风格，但在真山面前做假山，真假对比明显，根据以往经验，须自然天成，不宜做过多的巧搭变化。韩良玉结合现代审美和国画意境，

北京香山公园璎珞岩假山清音亭

设计峰顶为“卷云皴”，山脚池边为“折带皴”。假山正面宽约21米，坐北面南，纵深约18米，主峰高约6米，跌泉两侧均设有登山云步，迂回可达“绿筠深处”敞厅，又于“清音”小亭西南角，立一标志石，上刻“璎珞岩”3个字。此处位于香山公园东南角，紧邻著名的香山饭店，到此的游人不多，甚为清静。每到雨后，坐亭听泉，清幽凉爽，高树密竹，满目苍翠，真有深山老林之古意，是游人夏日避暑纳凉的好去处。

注释：

[1][3][9][10] 韩良顺：《山石韩叠山技艺》，中国建筑工业出版社2010年版。

[2] 喻学才：《中国历代名匠志》，湖北教育出版社2006年版。朱家，即朱子安；韩家，即山石韩。

[4][16][17][19] 喻学才：《韩良源—中国当代的叠山名匠》，《华中建筑》2002年第5期。

[5] 童寯：《童寯文集》（三），中国建筑工业出版社2000年版。

[6][7][8][11] 韩建伟、韩振书：《山鉴》，北京燕山出版社2014年版。

[12] 大假山由明代江南叠石名家张南阳设计建造，高约4丈，用数千吨武康黄石堆砌。

[13][22] 陈从周：《梓室余墨》，生活·读书·新知三联书店1999年版。

[14][15][20] 卢瑞云：《韩良源：修复假山中的“李、杜”》，《中华遗产》2008年第9期。

[18][21] 赵炜：《韩良源：让叠山在园林中大放光彩》，《城市商报》2013年7月7日。

[23] 韩建伟：《山水经》，中国建筑工业出版社2016年版。

第三章

山石韩叠山的传承发展

山石韩第四代传人一共有5位：韩良源之子韩啸东，韩良顺之后韩建中、韩建伟、韩雪萍，韩良玉之子韩建林。他们都出生在中华人民共和国成立后，自幼受到家庭环境的熏陶，潜移默化地学习造园叠山，成年以后又赶上了改革开放的大好时代，政府鼓励个人创业，造园叠山空前繁荣，为山石韩新一代提供了难得的机遇和舞台。与老一辈的传承人相比，山石韩第四代传承人文化程度高，眼界开阔，头脑灵活，在继承老一辈传统技艺的基础上，勇于开拓，善于创新，在各自所在地创办企业，开展业务、造园叠山，均做出了一定的成绩。

一、韩啸东

韩啸东，1953年9月出生于苏州山塘街小郗弄，韩良源之子。在家中男孩子里排行老三，在8个子女中最为健壮，上学时正赶上十年“文化大革命”，没有好的学习环境，但韩啸东性格憨厚，不怕吃苦，其父亲韩良源便有意识地培养其学习造园叠山。1969年，16岁的韩啸东随父亲落户到江苏盐城阜宁县左夏大队务农。1975年，应江苏常州市园林管理处的邀请，韩啸东跟随父亲韩良源到常州修建红梅公园，工程竣工后，常州园林管理处非常满意，有意将父子俩调至常州，专门从事造园叠山，但韩良源考虑到一个家庭将从此分为两地，子女尚幼，亲情难以割舍，常州方面又不能解决全家的户口问题，

山石韩第四代传人韩啸东

故而放弃，直到1978年，全家才回到阔别8年的苏州。1979年春，上海植物园开始大规模建设，韩啸东跟随父亲堆叠了上海植物园大门口黄石障景斜纹假山、草药园假山。1979年年底，韩啸东进入苏州园林管理处修缮队，专门负责假山施工，完成园林假山项目数十个，2007年从苏州园林局修缮队退休。其代表作有北京大观园假山、扬州瘦西湖二十四桥景区等。

（一）北京大观园假山（1986年）

北京大观园位于北京市西城区南菜园护城河河畔。1983年，中国电视剧制作中心拟拍摄电视剧《红楼梦》，与当时的宣武区政府协商租用南菜园公园，以搭设大观园临时布景。当时南菜园公园是一处开放性园林，只有简单的土山和水系，没有亭台楼阁等大型园林建筑。宣武区政府以此为契机，决定不做临时布景，建设永久性公园，这个方案很快得到市政府的批准。区政府立即着手实施，聘请了曹禺、沈从文、启功、吴祖光、朱家溍、周汝昌、周绍良、冯其庸等十几位红学、古建、园林、文博等各方专家学者作为顾问，提出“忠实原著，尊重专家，真材实料，真景实造”的建园方针，全园总体规划设计由古建筑专家杨乃济主持，方案研讨百余次，七易其稿，才定稿通过。最终区政府与中国电视剧制作中心谈妥，由中心出资75万元，在大观园整体规划的基础上，按照图纸建设怡红院、潇湘馆等8处主要建筑，待电视剧拍摄完成后，无偿赠予公园。

大观园的建设分为4个阶段，第一阶段为剧组投资建设的8处院落，1985年夏竣工；第二阶段增加10多处配套工程，初具规模，1986年6月竣工；第三阶段，完成规划设计规模，1988年年底竣工；第四阶段，进行部分扩建，开发周边的商业用房，1999年竣工，达到现在的规模。由于建设方对第一阶段山石的效果不满意，在第二阶段施工时辗转找到山石韩第三代传人韩良源。韩老亲自出马，设计谋划、制作模型，其子韩啸

东负责具体堆叠施工，大观园的三期假山均由他们父子完成。

假山采用房山石堆叠，其中以凸碧山庄和蓼汀花溆两座假山规模较大。凸碧山庄位于嘉荫堂后面的假山上，山高近8米，上有跌水，下有山洞，前有溪流，后有石阶，是一组“品”字形的高台赏月建筑。《红楼梦》第七十六回中，史湘云与林黛玉对诗“寒塘渡鹤影，冷月葬花魂”便是于此吟出。蓼汀花溆出自第十七回，位于薛宝钗的住所蘅芜苑前，小说中蓼汀花溆的名字是贾宝玉起的。这座大假山是园中的主要景点之一，用石1200吨，设计要求以假山模仿“桃源溪口”之意。韩啸东反复揣摩设计意图，构草图、捏模型，最终呈现出山崇洞曲，水声潺潺，石径曲折，萝薜倒垂的艺术效果。整体工程竣工后建设方非常满意，除了摆酒庆功，慰劳感谢，还特意给韩氏父子颁发了一面“技艺精湛”的锦旗，这在园林施工中是不多见的。另外，大观园正门南侧的“补天遗”

北京大观园凸碧山庄瀑布假山

北京大观园蓼汀花溆假山山洞

巨石，是山石韩第三代传人韩良顺自房山深山老林寻得，高近9米，重约60吨，其二子韩建伟立峰，此石现已成为大观园的标志。

大观园建设实行边创收、边投资、边开放、边建设的营造方式，开创了“以园养园、以园建园”的成功先例。大观园是改革开放后，北京较早兴建的古典园林建筑群，再加上电视剧《红楼梦》的开播，引起了较大轰动，一时参观游人骤增，创造了极好的社会和经济效益。大观园开放当年便荣获“北京精品公园”的称号，入选“首都80年代十大建筑”及“中国旅游胜地四十佳”。

（二）扬州瘦西湖二十四桥景区（1988年）

瘦西湖其实是扬州城外一条较宽的河道，原名保扬湖（又称保障湖），总长4.5千米，最宽处116米，前身为扬州历代人工开挖的护城河，清乾隆年间才“联袂”成湖，“瘦西湖”之名也开始广为流传。

二十四桥现为瘦西湖畔著名景区，因唐代诗人杜牧的千古绝唱“二十四桥明月夜，玉人何处教吹箫”得名。关于二十四桥有两种说法，一种是“二十四座桥”，另一种是“第二十四桥”，现在多以后者为准。清末时旧桥已废，新桥为1988年重建。桥为玉带拱形，长24米，宽2.4米，围以24根石栏杆，有24级台阶，以暗合二十四之意。景区由熙春台、望春楼、小李将军画本和二十四桥等景点组成，主体建筑熙春台碧瓦飞甍，气势雄伟，有皇家园林之气派。

明初，运河经过整修，成为南北交通的大动脉，扬州再次成为两淮盐运集散地。经济的发展促进了风景园林的复苏，但当时瘦西湖主要还是自然风景，并没有建成良好的整体人文景观。这一时期瘦西湖上出现了一座桥——红桥（现称大虹桥），红桥的落成，既便利了交通，繁荣了经济，也为之后瘦西湖园林的快速发展打下了基础。到清中期，私家园林逐渐复兴（现存的许多景点都是在这一时期建造的），使瘦西湖园林营造达到了顶峰。康熙和乾隆两位皇帝6次南巡，都对瘦西湖的景色赞赏有加。《扬州画舫录》中记载“乾隆二十二年……两岸皆建名园”，此时的瘦西湖已从一条普通的护城河，成为串联各园景观的黄金水道，再加上乾隆年间诗人汪沆赋诗“垂杨不断接残芜，雁齿虹桥俨画图；也是销金一锅子，故应唤作瘦西湖”，从而使得“瘦西湖”名扬天下。清嘉庆二十年（1815年）后，海运逐渐兴起，扬州盐业开始衰退，瘦西湖两岸的园林也日渐荒废。此后，这里又经历了太平天国时期的战乱，残破不堪，几近荒芜。光绪年间欲恢复旧胜，但仅修复了五亭桥、小金山等几处景点，瘦西湖渐渐淡出，成为明日黄花。

中华人民共和国成立之后，瘦西湖园林开始全面修复，在保留原有景观特色的基础上，适当增加了一些功能性建筑和相关设施，使之成为城市公共园林。1988年，陆续恢复了二十四桥、熙春台、望春楼景点。假山由山石韩第四代传人韩啸东堆叠，采用安徽巢湖太湖石，共用山石近2000吨，堆叠手法采用国画“云头皴”“卷云皴”风格，峰、洞、亭、廊相互穿插，山回路转，极富变化。复廊云梯、山亭栏杆全以湖石叠成，这在以往园林中少见，假山极尽工巧，饶有逸趣，具有典型的清代江南假山风格，为近年来不可多得之佳构。玲珑花界为二十四桥景区一部分，以栽种芍药、牡丹为特色，清人李斗“扬州芍药，冠于天下”即言此景。每当春夏之交，芍药翻阶，牡丹盈庭，灿若云锦，铺天盖地。其花台皆以湖石垒砌而成，高低进退，错落有致，既有保土排涝的功能，又增加了花丛高度，使玲珑花界的景致更加丰富和具有层次。2007年，瘦西湖恢复了四桥烟雨、石壁流淙等景点。经过对瘦西湖不断地进行疏浚、扩大，至2012年年底，景区游览区面积已达33.66平方千米。现扬州瘦西湖为全国重点文物保护单位、国家5A级景区、国家级大遗址公园。

瘦西湖二十四桥亭山

▎瘦西湖二十四桥复廊磴道

扬州园林之胜，不只在于湖光山色、天光云影、白塔莲桥、鸟语花香，还在于自然风光与人文景致的高度融合。瘦西湖用一幅立体的山水长卷，告诉人们什么是婉约，什么是精致，什么是秀美，什么是清幽，它完美展示了中国山水园林可以达到的高度，不虚“扬州园林之胜，甲于天下”之美名。

二、第四代传人韩建中

山石韩第四代传人韩建中，韩良顺长子，1956年5月生于苏州山塘街前小郏弄，少年随父学习家传之艺，对中国传统文化情有独钟，喜拉二胡、吹笛子、听昆曲。1969年，全家被下放到江苏盐城阜宁县左夏大队，12岁的韩建中亦随之下放。在农村没有机会实践造园叠山，韩建中便以竹筷支撑砖石练习，循序渐进，功底扎实。1977年，韩建中赴承德，协助父亲韩良顺修复避暑山庄假山，韩良顺言传身教，建中边干边学，从此走上造园叠山之路。后由于工作需要，父亲韩良顺调往北京修复北海静心斋，韩建中与弟韩建伟留在承德继续完成小金山假山修复工程。韩建中初出茅庐，便崭露头角，展现出极高的造园叠山天赋。1978年，他随父母回到苏州，进入苏州市古典园林建筑公司工作。1984年，与苏州市吴县枫桥建筑队合作，到北京开展业务，与弟韩建伟一起先后完成了北京外交公寓、首都机场、长富宫饭店等早期工程。2000年至2004年，韩建中在北京经济管理函授学院进修环境艺术设计，2006年至2007年，在清华大学成人高等教育园林景观高级研修班进修。其代表作有北海公园琼岛春阴、孔子研究院、清华大学水木清华景区等。

山石韩第四代传人韩建中

（一）北海公园琼岛春阴（1994年）

北海公园园林始创于辽代，金代将北宋艮岳中的太湖石移置于琼华岛上，确定了北海"一池三山"的雏形。元世祖忽必烈不仅以太宁宫琼华岛为中心营建大都，还赐名万寿山、太液池。明朝迁都北京，万寿山、太液池成为紫禁城西面的御苑，称西苑。清乾隆时期对北海进行了大规模的改建，奠定了现在的规模和格局。辛亥革命后，西苑三海由中华民国政府接管，1925年8月1日北海公园开始售票开放，1938年7月23日团城也开始售票开放。

琼岛春阴在琼华岛东、倚晴楼南，是北海公园的著名景点，琼岛春阴早在金章宗时期，就被定为"燕京八景"之一。清乾隆十六年（1751

年）十一月，准备将琼岛春阴石碑立在永安寺悦心殿月台上，并且已做好基础。乾隆十八年（1753年）正月，乾隆皇帝突然改变主意，可能是考虑到碑身高大，立于悦心殿前不妥，便将石碑改立于现在的位置。同期完工的还有玉液秋风石插屏、金台夕照石碑。琼岛春阴碑首盘顶，碑身四框刻缠枝纹饰，碑阳刻乾隆皇帝御笔“琼岛春阴”四字，碑阴为乾隆皇帝御制诗：“艮岳移来石岌峨，千秋遗迹感怀多。倚岩松翠龙鳞蔚，入牖篁新凤尾娑。乐志讵因逢胜赏，悦心端为得嘉禾。当春最是耕犁急，每较阴晴发浩歌。”碑座四周有雕刻精致的石护栏，碑旁有迂回曲折的磴道直达见春亭和看画廊。

清朝结束以后，琼岛山上的植被损毁严重，琼岛春阴、见春亭的磴道，由于缺少地被植物的保护，周边水土流失，磴道出现塌陷、倒斜现象。中华人民共和国成立后，北京市进行大规模城市建设，施工中拆除不少假山石，起初施工单位当成渣土处理，后被北海公园发现，如获至宝，抢救运回，用于北海和景山公园的山石整修。1976年7月28日，唐山发生7.8级大地震，园内一些古建、假山遭到不同程度的损坏，琼岛春阴、见春亭的磴道也未能幸免。震后，公园对磴道进行了整修加固，由于缺少原石，施工时掺杂了部分杂石，异石混用，毫无章法。1994年，山石韩第四代传人韩建中应邀整修磴道，先拆除了磴道原有山石，重新处理了磴道基础，但青云片已无处可寻，由于房山山皮石与青云片外形和颜色相近，经设计方与建设方研究同意，以房山山皮石仿照原风格堆叠，项目总共用房山石2200吨，采用国画“折带皴”手法，挡土护坡、镶隅抱角，完成后的假山不仅恢复了名胜旧观，还对琼岛春阴碑座起到了加固、保护作用。在假山施工的同时，公园又对见春亭重新装饰，整修了损坏、糟朽的楣子、坐凳，重做了油漆彩画，为了统一景观风格，又在其周边增叠了山石云步、磴道蹲配。琼岛春阴景区修复后，基本恢复了往日胜景，与北海公园的整体风格融为一体，既保留了清中期的历

北海公园琼岛春阴磴道施工中

史风貌，又加强了景观的观赏性和安全性，松柏苍翠，云蒸霞蔚，花木含苞，山石俏丽，使这有着近300年历史的名迹重放异彩，得到古建专家和广大游人的认可。

（二）孔子研究院（1999年）

1996年9月，为了纪念孔子诞辰2550周年，国务院批准在孔子故里曲阜建立孔子研究院。孔子研究院位于曲阜旧城，万仞宫墙南轴线上，紧邻东侧的论语碑苑，与孔庙南北呼应。规划占地面积9.5万平方米，建筑面积2.6万平方米，园林面积约4万平方米。孔子研究院的规划设计团队为当时最强阵容，总体规划由两院院士、清华大学教授吴良镛担任，建筑设计为中国工程院院士、中国建筑西北设计研究院高级建筑师张锦秋，照明设计为中国照明学会副理事长、清华大学教授詹庆旋，雕塑设计为中国国家画院雕塑院院长钱绍武，由中国工程院院士、北京林业大学教授孟兆祯担当顾问，由在读博士朱育帆进行深化设计。

1999年春，朱育帆受孟兆祯教授之托找到笔者，商讨孔子研究院叠山事宜，他首先介绍了项目的基本情况和乐水苑的方案设计，后又用橡皮泥现场捏塑了“清源山”瀑布假山的工作模型，由于工期较紧，第二天朱育帆陪同韩良顺与韩雪萍来到曲阜工地，查看现场、确定预算，并签订了项目一期的假山施工合同。之后，由山石韩第四代传人韩建中具体负责项目的施工。

乐水苑位于庭院东部，“乐水”之名，源于孔子的“仁者乐山，智者乐水”，苑中有瀑布假山清源山和一潭碧水的汇泽池，假山、跌水、溪流、水池的运用，意在儒学文化“涓涓不息，百川归海”。吴良镛教授曾言：“孔子研究院也相当于古代的书院，所以我们考虑可以从书院的规划设计中汲取灵感。古代书院建筑除部分在城市中，不少建于山林之中，为的是讲求畅适人情，就是有生活气息。又要有山有水，认为山端正而出文才；水清纯，涓涓不息则百川归海，无不可室。”清源山原

山东曲阜孔子研究院清源山

设计高度为3米，宽6米，以元末著名道士画家方从义的《神岳琼林图》为设计灵感，设计主张不以山高峰险、瀑布飞溅为追求，而是以儒家中庸内敛、温文尔雅为宗旨，以体现儒家学说源远流长、生生不息的强大生命力，景观意境的把握，无疑是恰当、准确的，但在现场堆叠时，3米高的假山实在过于矮小，与周围较开阔的环境不协调，尤其是与对景观川亭不相称，难以形成对景关系，最终在堆叠时将假山增加到高6米、宽8米，才达到预期的效果。清源山下建有“之”字形小溪，以山石堆砌驳岸，并设三级滚水坝，溪水辗转流入“汇泽池”，即吴良镛教授“涓涓不息则百川归海”之意境。假山采用山东临沂出产的鲁太湖石，造型上不做江南叠山悬挑巧搭的风格，而以北方平实简素的手法堆叠，自然朴拙、沉稳大气，以体现儒家敦厚端庄的含蓄之美。

（三）清华大学水木清华景区（2000年）

水木清华荷塘是北京清华园中最著名的景点，位于清华大学工字厅的北侧。水域面积1000多平方米，东侧有小河汇入。“水木清华”出自晋代谢混《游西池》“景昃鸣禽集，水木湛清华”，指园林景色清朗秀丽，清华园的名字即来源于此。工字厅正额“水木清华”匾为康熙皇帝的御笔，柱联为礼部侍郎殷兆镛题写：“槛外山光历春夏秋冬万千变幻都非凡境，窗中云影任东西南北去来澹荡洵是仙居。”远远望去，碧柳抚水，绿荷连天，古亭长廊，满池青翠，其景致足可与颐和园的谐趣园相媲美。

1978年，清华大学纪念朱自清逝世30周年，在荷塘北侧竖立了朱自清先生的汉白玉雕像，在怀念先生的同时，也借先生的《荷塘月色》来烘托美景，增加了“水木清华”的文化内涵。但先生所描写的荷塘，在近春园附近，同治年间重修圆明园时，建筑已被拆运一空，仅余一湾碧水，中华人民共和国成立后水池被改建为游泳池。

由于年久失修，工字厅北侧平台向河内倾斜，假山驳岸和毛石挡墙均已坍塌，在清华大学90周年校庆之前，清华学子捐款发起重修“水木清华”景观的倡议，清华大学以此为契机，委托建筑学院吴良镛教授、王丽芳教授，林业大学曾洪立教授与韩建中一起进行反复研究，最终确定以自然山水为蓝本，用国画“斧劈皴”“折带皴”相结合的手法，对水木清华荷塘景观进行复建。根据设计方案，荷塘驳岸重新堆叠山石，既符合旧貌，又可以挡土护坡，可谓一举两得。北岸在大的轮廓上设置两山一涧，工字厅对景堆叠一组山峰，与工字厅水木清华遥相呼应。为避免构图对称呆板，主峰设在北岸偏东位置，掩映在密树茂苇之中，主峰与配峰之间叠石为涧，垒石为阶，游人漫步其中如入深山峡谷。山峰西侧为山坳，山坳在平面上口小肚大，山环水绕，造型生动，形成幽静的小环境。再西侧为朱自清雕像平台，周边用低矮的山石堆叠，以突出

水木清华荷塘西北水源头假山跌水

水木清华荷塘南岸山涧

雕像主景，又植红梅一株点以颜色。山贵有脉，水贵有源，池西北叠瀑布假山作为水源头，与池东南自清亭遥相呼应，使平静的水面增加了几分动感，同时又起到了为池鱼增氧的作用。池南侧驳岸靠近工字厅，山石不做大的起伏，使之与北岸形成高低对比。水木清华池岸周长约320米，其间分布有石矶、平台、汀步、山道、山坳、山涧、峰岭、跌水等山石景观，游人畅游其中，具有步移景换的艺术效果。山石驳岸与湖边小路巧妙地结合，为学子们提供了读书赏荷、休闲健身的好环境。驳岸采用京西房山水冲石，苍劲古朴、纹理清晰，堆叠时特意将山石解理与水线保持平行，模拟池水溶蚀的痕迹，以至于许多外来游人以为山石为景区故物。现水木清华荷塘已成为清华大学的标志性景点，也是学子们毕业告别、照相留念的必选之地。

三、第四代传人韩建伟

韩建伟，韩良顺次子，1958年2月出生于苏州山塘街前小郝弄。1976年随父韩良顺修复避暑山庄假山，其后又参与修复北海静心斋，1978年随父韩良顺回到苏州。当时苏州没有造园叠山工程，兄长韩建中进入苏州市古典园林建筑公司，韩建伟为了生计，进入苏州市公共交通公司上班。工作闲暇，他遍游苏州名园，研习山水绘画，常制作山石盆景聊以自慰，喜收藏奇石根艺。1981年北京香山饭店开工，韩建伟参加了饭店后花园假山的堆叠，在工程中崭露头角，并结识了北京古典园林设计院的工程师檀

山石韩第四代传人韩建伟

馨，开始了长达36年的合作。1984年，其父韩良顺正式调入钓鱼台国宾馆管理局，由于叠山任务较多，韩建伟曾协助父亲工作，堆叠了钓鱼台国宾馆澄漪亭山下点景、俱乐部楼前跌溪等假山，之后，长期在北京发展，专注叠山施工。其代表作有香山饭店、恭王府花园、北京园博会锦绣谷盛世清音瀑布假山等。

（一）香山饭店（1981年）

香山饭店的前身是1919年建的甘露旅馆，当时是为解决香山慈幼院的经费来源而开办。1957年，北京市园林局、北京市服务局等4家单位联合经营，改名为香山饭店。1979年，经市建委、规划局批准开始重建，拆除面积8000平方米。香山饭店由著名建筑设计师贝聿铭先生主持设计，力求“在一个现代化的建筑物上，体现出中国民族建筑艺术的精华”，建筑师用简洁朴素、具有亲和力的江南民居为外部造型，将西方现代建筑原则与中国古典营造手法相结合，巧妙创造出具有中国气质的建筑空间。

园林设计由北京古典园林设计院专家檀馨主持，古建园林专家、同济大学教授陈从周担当顾问。由于此时韩良顺已正式调入钓鱼台国宾馆管理局，香山饭店的假山建设任务就由其子韩建伟来承担。在庭园方案设计中，西南角安排了一组三叠瀑布假山，名为“清音泉”，为了充分理解设计的创意，韩建伟跟随檀馨专门到云南石林，现场观察真山实景找灵感。但是这个想法遭到了远在美国的贝聿铭先生的反对，檀馨后来回忆：“没有水源，庭园肯定会失色不少，更谈不上是有文化的高档自然山水了，我想在这个问题上我要坚持自己的主张。在领导和专家们的支持下，我们日夜赶工加紧堆山，想赶在贝先生到来之前完成堆山。”当时贝先生的助手小曹留在工地现场，专门负责与贝先生的联络，传达贝先生的意见。当贝先生得知我们正在叠山时，表示了反对，小曹传话道：“贝先生说，等他来，他要参加堆山。”不久，贝先生来到北京，

但假山已经竣工了。贝先生看到后十分惊讶，察看后露出了笑容，感觉很满意。后来，贝先生解释，一开始的时候，不是他不想堆假山，因为他认为以当时国内的条件，没法堆出好的假山。“如果假山堆不好，不如不要。”但在小曹向他汇报时说“山石堆得很好”后，他改变了主意。檀馨认为：“这座假山的构图，非常符合中国画的画理，高峰秀丽，十分得体，特别是泉水声，给静静的庭园增添了生机。假山虽然不大，但在20世纪80年代，人们的思想尚未彻底解放时，以山石拼接竖向叠出真山的效果，也算是惊人之举了！”

香山饭店后花园是饭店的主要庭院，三面建筑，一面向山，中间一池碧水，北设观水平台，水中有小桥与曲水流觞相连。西南为清音泉瀑布假山，主峰高9米，采用山石韩“三安法”堆叠而成，符合山水画“斧劈皴”法。假山吨位虽然并不大，但在造型上很有气势，主瀑布一泻到

香山饭店瀑布假山

底，下承水潭，再下为两级滚水坝，形成三级跌水，稍东为飞云石，如将军拄剑而立，颇有气势，池中石矶，水边驳岸，古松置石，花街铺地，既有江南园林的精巧，又兼具北方园林的雄浑，在当时可谓轰动一时，得到了业内人士和中外专家的一致好评，至今还时常有专程来此考察的同业者，建筑、园林专业的学生更是络绎不绝。香山饭店项目，是改革开放后的一个标志性工程，这个项目的成功，给市政府和建筑、园林界增加了信心，也预示着古老的北京城即将开启一个新时代，北京城市绿化美化的大幕就此拉开。

（二）恭王府花园（1987年）

北京恭王府为清代规模最大的一座王府，前身为清权臣和珅和嘉庆皇帝弟弟永璘的府邸。咸丰元年（1851年），恭亲王奕䜣成为王府的主人，“恭王府”之名也由此得来。恭王府位于北京风景秀丽的什刹海的西南角，坐落于毡子胡同西侧一条幽深的街巷之中。恭王府南北长约330米，东西宽180多米，占地6万多平方米。王府分中、东、西三路，分别由多个四合院组成，府邸最深处横有一座两层后罩楼，东西长达156米，后墙共开了88扇窗户，内有108间房，但号称为“99间半”，取“届满即盈”之意。园中间建有圆明园风格的西式汉白玉门洞，将王府分为府邸和花园两部分。府邸建筑富丽堂皇、庄重大气，北部花园古木参天，怪石林立。恭王府以其精美的园林美景被誉为“城中第一佳山水”，也因其堪比故宫的府邸僭侈逾制而为人所知。恭王府历经清王朝由盛而衰的历史过程，承载了极其丰富的历史文化信息，故史学界素有“一座恭王府，半部清代史”的说法。

清朝结束后，奕䜣之孙为复辟清王朝筹集经费，1920年，将恭王府抵押给西什库天主教会，10多年后无力赎回，后由辅仁大学代其偿还欠款，府邸产权遂归属辅仁大学所有。20世纪80年代初，王府因年久失修、私搭乱建，俨然成了一个残破不堪的超级大杂院。

1986年，按照“边搬迁、边修复、边开放”的原则，恭王府开始进行腾退、清理、修复工作：“有历史依据的，按历史依据修；无历史依据的，按专家意见修；专家不能确定的，按现状保护维修。”1987年12月，由古建园林专家赵光华推荐，山石韩第三代传人韩良顺被聘为“文化部恭王府修复管理处顾问”，其子韩建伟负责假山的具体修复施工。王府假山主要集中在后花园，北部福厅前假山损坏严重，此山虽为青云片堆叠，但修复时并非全用巧搭之法，而是参以江南黄石“折带皴”，主体较实，外层灵巧。滴翠岩假山是后花园的主要景观，位于邀月台南侧，假山用糯米浆加白灰堆砌而成，下临一小水潭，山顶有湖石三峰，形似二龙戏珠，东西龙头下各藏蓄水缸，蓄水缸内，渗于石上，苔藓遍生，故名“滴翠”。假山下为秘云洞，洞中有一座康熙皇帝为其祖母孝庄太皇太后祝寿写的“福”字碑，刻有“康熙御笔”之宝印，因康熙皇

假山山门，典型的青云片假山做法

帝遗存的题字极少，因而极为珍贵。山顶西侧龙头当时已塌毁，部分山石散落山下，幸管理处有清末老照片一张，可供参考，寻石依样修复。西侧山洞摇摇欲坠，只能先行拆除，处理基础后复原。修复中尚缺数吨北太湖山石，部分移自他院，其余由西城园林局支援。青云片假山多为人为拆毁，山石四处挪用，当时尚有多家单位未曾迁出，觅石和拆建的难度可想而知。

1988年，后花园的退一步斋、垂花门等建筑逐一修缮完成，为了“以园养园”，文化部决定花园部分先行对外开放。2006年，中国音乐学院搬出恭王府，历时28年的腾退工作才最终完成。2008年，恭王府南院府邸修缮竣工后，全园对外开放。修复后的恭王府占地面积约61120平方米，其中府邸占地32260平方米，花园占地28860平方米，作为清朝最大的亲王府邸，其建筑布局规整，园林假山精妙，古树名木众多，亭台楼榭，廊回路转，青山碧水，曲径幽台，充分体现了清代王府的造园风格，是不可多得的宝贵文化遗产。现恭王府为全国重点文物保护单位，也是唯一对公众开放的清代王府。

（三）北京园博会锦绣谷盛世清音瀑布假山（2012年）

锦绣谷为2013年北京园博会中的一个景区，谷地原为永定河西岸一个废弃的大沙坑，占地20多公顷，施工前沙坑深达30米，坑底装满了建筑垃圾，后经初步填埋将深度缩小到20米，长450米，宽160米。园博会的总体设计由“山水心源”设计院负责，其中锦绣谷盛世清音大假山，由“山水心源”委托孟兆祯教授设计。孟老参照广西德天大瀑布和阳朔三石洞之美景，融天然山水与锦绣谷现状为一体，设计出大气磅礴的岩洞瀑布假山模型方案。

锦绣谷项目由北京市花木有限公司总承包，其中盛世清音大假山由北京山石韩风景园林工程有限公司分包。韩建伟在假山施工前专程去了趟广西，实地感受德天大瀑布的雄伟气势，尤其是水帘洞的造型特点，

拍摄了大量山石照片，取其精华、总结规律，以便运用到盛世清音假山的创作中。假山相对高度18米，为了能做出巨型山洞悬挑的险峻，假山采用真假结合的方法，以发挥不同材料各自的优势。驳岸及山洞下半部，游人可以触及的山体，采用稳定、坚固、抗损性强的天然山石堆叠，山体上部及山洞内顶以GRC山皮制作，发挥GRC山皮易悬挑、跨度大的特点，以便于创造出奇特险绝的艺术效果。比如主峰悬挑的“飘石”、山涧夹石“仙人跳”，只有GRC山皮才可以表现出来。瀑布总落差18米，源头发于上端的北京园博园的水系，第一级跌水落差3米，水从燕台大观巨石间辗转而下，第二级跌水落差5米，瀑水层层叠叠，有九寨沟华彩池跌水之意，第三级瀑布一泻而下直入澄潭，在山洞前构成一个巨大的水帘，经过水中的汀步石块可以走进水帘洞内，体验隔水观景的感觉。

北京园博园盛世清音瀑布假山，水帘洞内景

北京园博园盛世清音大假山

盛世清音大假山用山石近万吨，GRC山皮数千平方米，绿化面积20多公顷，花木多达350多个品种，水系面积7000平方米，现在已经成为园博园的亮点之一，更可贵的是盛世清音大假山“化腐朽为神奇”的设计理念，以及全园降雨回用率达100%的环保系统，为当今的造园叠山树立了典范。

四、第四代传人韩雪萍

韩雪萍，1964年出生于苏州市山塘街前小郏弄，山石韩第四代传人。自幼受家庭环境影响，对造园叠山有着浓厚的兴趣，从少年起就常帮助父亲绘制图纸、制作假山模型。1998年9月，为了继承祖辈造园叠山事业，创办北京山石韩风景园林工程有限公司，并担任公司法人，专门经营造园和叠山。在继承传统的叠山技艺的基础上，采用新技术、新材

山石韩第四代传人韩雪萍

料，完成100多个假山及园林综合项目，例如1999年完成贝聿铭先生设计的北京中银大厦室内假山、2006年完成国家大剧院室内GRC塑石假山、2008年完成堆叠奥林匹克公园林泉高致假山、2013年完成北京园博园锦绣谷假山等一批国家重点项目；设计北京海运仓危改小区、交道口东区危改小区、丰台区绿源公园、东领鉴筑景观、沈阳东环广场、山西临汾汾河改造假山设计等综合项目，获得业内外人士的一致好评。北京山石韩风景园林工程有限公司，现为北京市园林绿化企业协会的常务理事单位，韩雪萍现任北京市园林绿化企业协会监事。其代表作有北京中国银行总行大厦大堂景观、苏州太湖宝岛花园GRC塑山、北京山水文园假山、奥林匹克森林公园等。

（一）北京中国银行总行大厦大堂景观（1999年）

北京中银大厦位于北京西单路口西北角，是中国银行总行的办公场所。贝聿铭家族与中国银行有很深的历史渊源，他的父亲贝祖贻在20世纪20年代创办了中行香港分行。1984年，贝聿铭应邀设计了香港中银大厦。1989年，贝聿铭的美国贝氏建筑师事务所（PPA）承接了北京中银大厦的设计项目，建筑部分由贝老指导儿子贝建中、贝礼中设计。贝老当时说："建筑由我的两个儿子（贝建中、贝礼中）负责，我只负责大堂景观。"大厦具有强烈的几何雕塑感，体现出贝氏建筑设计的风格。建筑内部借鉴老北京四合院天井，设计出了10层楼高的无柱玻璃大堂，屋面为巨型钢架结构，上铺隔热透明玻璃，视野开阔，气势恢宏，内外一体，气势雄伟却无压迫感。

大堂景观为贝聿铭先生亲自构思，他在大堂中心设计了一个20米×10米的水池，水池平面呈不规则的菱形，池后岸为直线，池前岸为自由曲线，池内设计了8组石峰，贝老根据山石材料，手绘了假山的概念设计图，并详细标出了具体的位置和高度。北京中银大厦建设方经设计推荐和多方考察，决定将山石堆叠的任务委托山石韩来施工，这是山石韩与贝聿铭的第二次合作。山石选用云南石林出产的石灰岩，与北京香山饭店庭院假山的石种相同，共150吨，由贝建中亲赴云南挑选，采挖后编号运至北京中银大厦现场。第一次看到山石时，是在大厦前广场，山石散置于地面，下面垫着枕木，四周还用警戒带围着，由于运输中是用木箱包装的，山石保护得很好，没有破损情况。

这个项目的假山堆叠并不复杂，关键是建筑的荷载问题。景观水池虽然在一层，但下层是地下室，水池和山石是建筑在地下室的顶板上，其中最重的一块山石为18.48吨，决定用25吨吊车近距吊装，再大些的吊车虽然吊装容易，但会增加楼板的荷载。另外，还要用一辆15吨的卡车倒运山石，建设方担心150吨的山石再加上25吨的吊车和15吨的倒运车同时压在楼板上，会产生安全隐患。建设方一度想拆掉大堂屋面已安装完毕的玻璃，用塔吊从上面直接吊装，但这样做的成本损失太大最终放弃。后来还讨论过用600吨的汽吊，从大门外向大堂内吊装，但受到大门高度的限制未能实施。最终贝聿铭请美国著名的结构设计公司——美国威特灵格（Weidlinger）结构工程公司，进行了结构荷载测算，计算结果认为没有问题，可以进行山石的吊装施工。

假山堆叠当天，建设方宋总及工程部经理、中建建筑承包公司领导都聚集到现场。为了增加安全系数，北京山石韩风景园林工程有限公司预先在楼板上画出了下层梁、柱的位置，使吊车车轮尽量能落在梁、柱之上，又在吊车经过的地面和工作的位置铺设大量枕木，以分散吊装时

▍竣工后的假山效果

▍1999 年，贝聿铭与韩雪萍在北京中银大厦

的重量荷载，吊装时先将25吨吊车开进大堂内，场外另外准备了倒运卡车和装车的25吨的吊车。吊装时现场所有人都紧张地捏着一把汗，生怕发生意外情况。由于前期准备工作充分，假山的堆叠吊装很顺利，山石韩根据现场感觉，适当调整了山石的位置和高度，堆叠完成后，没有立即进行勾缝处理，而是拍好照片后，发给在美国的贝老征求意见，贝老看到堆叠好的假山照片，立即回复："很满意！不需要修改。"

（二）苏州太湖宝岛花园GRC塑山（2000年）

苏州太湖宝岛花园是一个高档别墅区，配套有五星级休闲度假酒店，由苏州太湖宝京旅游房地产发展有限公司投资，总公司为北京首开集团（原北京天鸿集团），景观设计为北京创新景观园林设计有限责任公司，园林绿化景观项目由北京山石韩风景园林工程有限公司承包。宝岛花园位于苏州太湖之中的长沙岛的西南部，项目依山而建，别墅建在岛山的南坡上，面向烟波浩渺的太湖，此岛风景宜人，交通便利，西南与西山岛及叶山岛相望，东南部是东洞庭半岛，有著名的太湖大桥分别与叶山岛、西山岛及湖岸陆地相连接。

假山施工处原为一处直立岩壁，是当初为开辟别墅区上山道路将山坡削平而形成的，岩壁东高西低，总长约180米，最高处约14米，在长沙岛主干路的北侧山坡上，为了装饰美化断崖，北京创新公司设计了两套方案，一个是将断崖装饰成城堡风格的建筑外墙，另一个是用GRC山皮沿山势做瀑布假山，为了便于建设方和设计者讨论方案，北京山石韩风景园林工程有限公司制作了瀑布假山的实物模型，以便进行深入的研究和推敲。经反复比较两个方案的设计风格及造价，建设方选定瀑布假山方案。假山施工现场总长近180米，分为两个部分，一是在混凝土高墙上装饰壁山，二是主景瀑布假山。瀑布假山场地长约50米，前面为水池，假山位于水池与岩壁之间，为了不使瀑布飞溅到假山前道路上的车辆和行人，假山山体的进深宽度限定为5米，最窄处只有3米，如采用天然山石，在这么小的范围内堆叠12米高的假山，难度可想而知，即使堆叠出来，由于没有进出变化也形同高墙，毫无景致可言。因此设计方主张用GRC山皮材料拼装假山。当时GRC假山在国内尚属新生事物，但山石韩已先行一步，有北京奇石馆、力鸿花园和华侨村的施工经验，因而得到了建设方和设计方的信任。为了降低成本、减少山皮的运输损耗，山皮在现场制作生产。

GRC假山内部以钢结构为骨架，外部用山皮造型，然后以角钢焊接到主结构上，因此除了造型外，电焊是主要的工作内容。为了抢在江南的梅雨季节前完成焊接，山石韩公司想了各种办法：先在平地分若干组同时拼装峰、岭的局部，然后再用吊车组装到位；山上山下同时施工；人员安排分班作业、轮换休息。在山石韩公司的不懈努力和建设方、设计方的大力配合下，经过3个多月的艰苦备战，终于赶在雨季到来前完成了山皮的拼装施工。在假山创意上山石韩公司根据山皮的纹理特征，以

GRC 壁山

GRC 塑山局部

湖南张家界绝壁峰林为蓝本，并结合原有断崖的特点，决定采用“横纹竖峰”的造型风格，以求与周边环境取得和谐，同时又兼顾了小区道路近观和市政主干道路远观的艺术效果。当时苏州尚无GRC假山，山石韩源于苏州走向全国，又在家乡建起了非传统的假山，引起苏州业界的极大关注，许多苏州、无锡园林同行纷纷前来考察，周边的开发商也来洽谈合作项目。一时间来观看拍照的人络绎不绝，尽管对于GRC假山的效果见仁见智，但山石韩勇于创新的精神得到大家的广泛认可。

（三）北京山水文园假山（2005年）

北京山水文园四路通住宅小区，由北京凯亚房地产开发有限公司开发，位于北京朝阳区弘燕路与萧太后河之间，建设方提出“景观中的建筑”的“大山水”理念，希望在钢筋水泥的城市中打造出一个近山亲水的世外桃源，力求在北京众多的地产项目中异军突起。

由于小区紧临北京的交通主干道东四环路，为了有效地阻隔市政干道对小区内部的影响，设计规划利用东侧四环绿化隔离带，打造一个山高林密、立体丰富的山地园林。此举既为建筑施工土方的堆放提供了场地、解决了土方平衡问题，又增加了小区地形的变化、丰富了景观形态。园内景观以丘陵、水系为骨架，其间点缀会所2幢，方亭1座，平桥、曲桥各1座，观景平台2处，并以园路磴道相连接。园内假山采用房山千层石，瀑布主山高6米，位于山地公园东部的丘陵上，面向小区，依土山而立，瀑布下设水潭，潭水溢出与西侧河道连通，又利用地形高差建滚水坝5处，沿河做山石驳岸、石矶、汀步，河道以卵石铺底，与草坡相接，尽显自然之景。土山地形之上散点置石，磴道两侧堆叠蹲配，亭、桥小品以山石抱角。综观全园，假山布置疏密有致，散点置石活泼自然，地形起伏变化丰富，建筑小品恰到好处，充分体现了山林野趣的景观意境，达到了设计的预期效果，为小区居民提供了优美舒适的生活环境。

断续式驳岸和散点石

生动自然的复层驳岸

四路通的山地园林建成后，得到建设方和设计方的高度认可，提出要在弘燕路南侧土坡上增加散点山石，并立一组刻字标志石作为展示。当时建设方正在密云白龙潭开发别墅区，挖出许多风化花岗岩，为了节省费用，要求这里使用密云白龙潭的花岗岩。这种山石形状滚圆、颜色泛黄，虽然不能堆叠假山，但尚可作为散点置石，且别有一种憨厚朴拙之感。标志石高8米，是建设方挑选的，但由于运输不便，主石被截成了两段，现场竖立时按原缝拼接安装，又以石粉拌水泥勾缝，以求颜色一致，不露破绽。之后应建设方要求，山石韩公司又承接了小区综合管线工程和二期园林土建工程。二期项目紧邻萧太后河，为了使游人可以最大限度地亲水，加强园内人造水景与自然水系间的联系，设计增加了钢构二层观景台、木制三连廊架和临水平台等建筑小品，全部由山石韩公司现场制作完成。

北京四路通山水文园建成后，因其较大的山石用量和超前的景观设计理念，在当时引起了业内的广泛关注，并获得了巨大的商业成功。建设方在其后来的地产开发中，一直沿用“山水文园”这一名称，并贯彻了“山地园林”的风格。2006年，山水文园赢得了诸多荣誉：“国际花园社区全球金奖”“国际生态安全示范社区”“国际生态最佳社区以及绿色生态建筑奖——水环境专项奖金奖”“住区规划设计特殊奖”等。

（四）奥林匹克森林公园（2006—2008年）

奥林匹克森林公园位于北京市朝阳区北五环林萃路，公园占地680公顷，为郊野园林风格，森林资源丰富，绿化覆盖率95.61%。为2008年北京奥运会配套项目。公园整体规划由清华城市规划设计研究院风景园林规划设计研究所所长胡洁教授主持，山水主景林泉高致瀑布山溪，是奥林匹克森林公园的点睛之笔，由北京林业大学教授孟兆祯和中国风景园林设计中心端木岐共同设计。

奥林匹克森林公园地貌原为河流冲积平原，南园仰山海拔高度86.5

米（相对高度48米），坐落在北京北中轴线上，是利用鸟巢、水立方等周边场馆建设以及公园挖湖产生的土方堆筑完成，填方总量约500万立方米。林泉高致位于仰山的西南麓，为山石堆叠的溪涧瀑布景观，自上而下设三潭两峰，全长370多米。假山施工模型为孟兆祯教授亲自制作，山顶水源假山为奥梦泉，下设澄潭，水自澄潭溢出，顺山势蜿蜒而下，经山腰山洞层层跌落，直入奥海，山溪落差20多米，沿途峰、涧、洞、滩、瀑、潭、溪、矶、汀、桥一应俱全。

奥林匹克森林公园林泉高致景区项目，由北京山石韩风景园林工程有限公司协助北京金都园林绿化有限责任公司投标，中标后由金都园林总承包，山石韩分包其中假山叠石部分。韩雪萍负责50米等高线以下的天然石假山、岩洞茶室外装饰的GRC假山、西侧溪流驳岸叠石和奥海的滩涂山石点景的施工，韩建中负责50米等高线以上部分的施工。景观叠石材料由山石韩提供样品，经建设方、设计方、监理方和山石韩的共同考察，确定采用京西出产的房山石。山洞假山为山溪中部的主景，施工时加大了山洞内部的曲折，使山洞空间更富于变化，又在山洞的西侧增加了两组配峰加以衬托，使山洞假山在整体上更加富有层次感。岩洞茶室位于林泉高致山溪侧，是一处模拟岩洞地貌的覆土建筑，茶室设有南、西两个出入口，中有泉水流出，为了与林泉高致景观取得一致，入口采用GRC山皮进行装饰，GRC模具选用与林泉高致相同的山石作为翻模原型，并模仿了房山石的颜色变化，达到以假乱真的艺术效果。孟兆祯教授在山溪汇入奥海处设计了山石浅滩水景，孟老言之为“湍濑”，也就是俗称的“鱼打滚”。“湍濑”北侧堆叠了一道跌水瀑布，作为平桥的对景，平桥南侧奥海中散点景石，为水禽提供了栖息之处，同时也使奥海的浅滩景致更加富于野趣。仰山西侧溪流驳岸，以房山水冲石堆叠，并利用地形高差堆叠了两处滚水坝，欢快的跌水增加了溪流的动感。假山施工为现场的二次设计，山石韩在参照图纸的同时，还增加了

奥林匹克森林公园林泉高致“湍濑”

奥林匹克森林公园——山洞跌水假山

山石小桥、山石桌凳、山石台矶等功能性小品，既方便了游人，又为原设计锦上添花。

2008年6月20日，奥林匹克森林公园全部竣工，作为北京城市中轴线的北端终点，奥林匹克森林公园实现“通向自然的轴线”的概念，其高达95.61%的森林覆盖率，成为北京新的“绿肺”。2008年北京奥运会结束后，公园进一步完善了部分设施，作为城市休闲公园对市民开放，受到广大市民的广泛喜爱。2013年，奥林匹克森林公园被国家旅游局正式授予“国家5A级旅游景区”的称号。

五、第四代传人韩建林

山石韩第四代传人韩建林，为韩良玉独生子，1969年12月25日出生于江苏无锡市。1988年高中毕业后进入无锡市无线电五厂工作；1995年，为了传承父亲韩良玉的叠山技艺，进入无锡市崇安区园林绿化管理局，专门从事造园叠山工作；2007年，国企改制后辞职。韩建林虽然性格内向、不善言辞，但虚心学习，勤于动脑，干起活儿来不怕吃苦，把全部精力都用在了做好作品上。

山石韩第四代传人韩建林

每次假山施工前，韩建林都要根据设计图纸对照周围环境进行研究，分析施工现场的地形水系、建筑道路、地下设施等相关因素，将施工条件熟记于心，在充分掌握设计意图和历史人文资料的基础上，因地制宜地构想假山作品的风格。韩建林善于运用对比的手法，将植物、水系、小品、道路有机结合，创作出既符合岩性山理，又蕴含中国文化的生动景观作品。其代表作有北京大学钟亭、文水陂、博雅塔假山，富阳东洲开发区景观大道瀑布假山及山水·水印林语别墅溪流跌水等项目。

（一）北京大学（2002—2014年）

未名湖，北京大学著名景点，位于校园中北部，湖名“未名”据说出自钱穆教授。未名湖始建于清乾隆年间，是在天然水域的基础上扩建而成，整体形状呈“U”字形，湖中有鲁斯亭小岛、石舫，西岸有钟亭，南岸临湖轩、花神庙，水中“翻尾石鱼”雕塑，为圆明园旧物。湖岸以青云片满砌，整修前大部分驳岸坍塌，山石歪斜，有些已经倒入湖中。1997年，适逢北京大学建校百年，校园开始大规模整修，未名湖驳岸的维修也提上议事日程。时任校长助理的杨宗朝慕名找到韩良玉、韩建林父子，商谈未名湖驳岸维修事宜，尽管山石韩早已名声在外，但北大精英荟萃，专家成群，又有自己的建筑与景观学院，慎重起见，校方提出先维修一段驳岸作为实验，然后校方组织专家评审，评审通过后再全面展开施工。未名湖一带在清朝属于淑春园的一部分，其驳岸做法与圆明园相同。清代早期驳岸叠砌，注重挡土护坡的功能，而艺术性普遍不高。韩良玉仔细查看了驳岸损毁情况，认为学校毕竟不是公园，且年轻人较多，应在保持旧貌的基础上，适当考虑现代审美，故在整修中，以平缓的扶正加固为主，适当做跳跃性起伏和散点。实验段完成后，校方组织了7位专家实地考察，最终一致认为达到了预期效果，大面积修复随即展开。之后，校方又进行了未名湖的治污，还未名湖一池碧水。2001年，未名湖和燕园建筑被定为“全国重点文物保护单位”。

2002年，校方决定提升校园环境水平，特别是博雅塔、钟亭、文水陂景区的叠石工程。时任总务处处长的徐晓辉再次联系了韩良玉。有了修复未名湖驳岸的第一次成功合作，徐处长对山石韩充满信任，将博雅塔、钟亭、文水陂的地形和假山设计、施工全权委托给山石韩负责。博雅塔，建于1924年7月，当时燕京大学（北京大学前身）为了解决全校用水，决定建一座水塔。为了与未名湖畔的风景相协调，外观建成了传统的13级古塔式，博雅塔参照通州燃灯佛舍利塔设计，塔高37米，内部中空，有螺旋梯至塔顶。由于建塔资金为当时哲学系教授博雅（当时居住在美国）捐赠，故名“博雅塔”。2002年，校方主张丰富博雅塔景观，经韩良玉建议，在塔西侧和西北侧堆叠磴道，便于游人登览，周边散置山石，既可挡土护坡，又能消除水塔头重脚轻的感觉，方案得到校方的认可，假山由韩建林负责堆叠。施工完成后，磴道与环境融为一体，山石与松柏相互衬托，为博雅塔平添了一份苍古。

钟亭位于未名湖南岸的山坡上，亭为圆顶六柱式，内悬一口两米高大钟，钟口成八瓣荷花状，雕刻有海浪旭日八卦图案，钟体上部是12对腾舞滚动的蛟龙戏珠，上铸双龙钟耳，钟体有满汉双文“大清国丙申年捌月制”铭文。此钟本为颐和园所有，据颐和园相关史料记载：“岛北侧的岚翠间，1889年慈禧曾作为阅兵台，检阅李鸿章调来的北洋水师及新毕业的水师学堂陆战队学员。为适应演习，把小火轮改为炮舰，东西两岸排列着炮队和马队。当时为水师报时的大铜钟，1900年险被劫走，后来置于燕京大学内，今北京大学内未名湖畔钟亭内即此物。”钟亭原有登山道，山石不多，叠石的艺术效果也不尽如人意。韩建林在其父的指导下大胆改变路线，增加了山道的“S”形曲度，加大山石的起伏，使山道更加自然且富于变化。“文水陂”之名，出自明代书画家米万钟的勺园，是园门到勺海堂之间的必经之地。2002年，韩建林增叠挡土护坡若干，磴道3处，以连通图书馆至未名湖。侯仁之先生集图书馆之“文”，未名湖之“水”，“回首则仰瞻书馆之层颠，下顾则俯临未名湖之澄碧”，借勺园之景，命此地之名为“文水陂”，并题字立石于其上。

2010年，修复了北京大学鸣鹤园。鸣鹤园位于北大西门内北侧，原是圆明园附属园林之一。清嘉庆七年（1802年），赏赐给嘉庆第五子惠

北京大学钟亭磴道

北京大学文水陂点石及磴道

亲王绵愉，1860年英法联军火烧圆明园时，鸣鹤园一起被毁，仅存翼然亭、雅亭，1926年燕京大学迁来时，对亭子进行整修，亭内彩绘校景10多幅，遂名“校景亭”。今天看到的鸣鹤园，是南北两个相连的小湖，湖岸青云片山石驳岸和水闸假山为韩建林修复。2014年修复了北京大学文博园、北京大学经济学院假山等。

（二）富阳东洲开发区景观大道瀑布假山（2007—2008年）

项目位于浙江富阳经济开发区，即原富春江经济开发区。开发区创建于1992年，是浙江省人民政府批准的首批省级开发区，2005年通过国家审核，定名为富阳经济开发区。2007年富阳区政府为了改善环境、招商引资，打造了东洲开发区景观大道，其中瀑布大假山，邀请山石韩第三代传人韩良玉设计，其子韩建林堆叠。山石为浙江当地产千层石，用石约6000吨，采用横纹手法，以国画“云头皴”“折带皴”风格堆叠，气势雄伟，变化丰富，具有北方假山的特点，尤以山洞的“迷远”手法为妙。

（三）山水·水印林语别墅溪流跌水（2007—2008年）

山水·水印林语别墅小区，位于浙江杭州富阳区鹿山街道富阳鹿山新城，由杭州富阳山水置业有限公司开发，总建筑面积近10万平方米，属于当地较高档的大型商业楼盘，有独立别墅、小独栋庭院住宅，以及小高层公寓等多种类型的住宅单体。山水·水印林语坐落在古木参天、泉水宛转的原生态大坞林场内，园区内水系丰富，湖面面积约24000平方米，并有长约2千米的天然水系，紧邻著名的富春江。园区的西面规划为山水运动休闲俱乐部，与天然山水浑然一体，仿佛自然生长在森林里。小区内假山为山石韩第三代传承人韩良玉设计，其子韩建林以横纹手法堆叠，选用浙江千层石，用石约2000吨。溪流山石驳岸以国画“折带皴”风格堆叠，又利用天然地形落差，建多处跌水景观，使得溪流水景充满欢快的动感。

山水 · 水印林语别墅小区内部溪流

山水 · 水印林语别墅庭院

第四章

山石韩叠山的工艺与技法

假山经过2000多年的发展演变，和古代山匠的不断探索，从最初的散点置石，到后来的高山深壑，逐渐演变成了两种风格，一种是“写实风格”，另一种是“写意风格”。写实风格就是以自然山岳为模本，移山缩地、截溪断谷，从而再现自然山岳的美景，如苏州沧浪亭假山、北京颐和园谐趣园点石等，在尺度上接近于1∶1，给游人的感觉比较真实；写意风格则是将自然山岳加以变形，玲珑巧搭，造型夸张，更像是现代雕塑，太湖石的如嘉兴小莲庄的假山，青石的如北京恭王府假山，是对自然山岳的一种主观再现。也有介于二者之间的假山作品，如苏州的狮子林假山、环秀山庄假山等。封闭小环境中的假山，为了表现更多的山岳元素，综合归纳，大多偏于写意；开放大环境中的假山，通常称为写实风格，为了与环境取得协调，有如国画中的工笔。山石韩发源于苏州，第一、第二代传人的作品多为私家小园，多用传统偏写意的手法，变化丰富，造型复杂；第三、第四代传人常在北京施工，现代园林假山作品较多，因此又兼有写实风格，大气磅礴、气势恢宏。

第一节

假山石

一般来说，只要风化充分、大小相间、颜色纹理相近、没有断裂安全隐患的山石，都可以用来造园叠山，关键在于运用时如何设计和堆叠。从山石使用的角度来说，根据山石的自然形状，大致可以把园林景石分为两类：一是可以拼接、堆叠成山的假山石，名为“堆叠石”。要求有两个以上的平面，以便于堆叠和拼接；或者如太湖石，外形曲折多变，没有明显的方向性纹理，拼接后相互咬合不露破绽，且安全稳固、接缝自然。二是单摆散置的山石，名为“散点石”。这类山石外形圆润浑厚，没有可叠摞的堆叠面，虽不适合堆叠成山，但可以作为园林中的特置石、散点石，用于草坪点石、挡土护坡、水中散置等。所以说天然的石头没有好坏之分，关键是如何运用。

古人通过长期的造园、赏石实践，总结出了传统的“四大名石”，即安徽灵璧的灵璧石、江苏苏州的太湖石、苏州昆山的昆石、广东英德的英德石。四大名石中，“灵璧”似有唐韵，即使洞壑纵横，给人的感觉也是体态丰腴，如贵妃之雍容端庄；“湖石”譬如老僧，瘦骨嶙峋、历尽沧桑，望之若高衲入定；“昆石”如同小家碧玉，清丽雅致、吴侬软语，具有闺阁绣房之气；“英石”则形如其名，锋芒毕露，恰似武林高手，英气十足。这些石种历史比较悠久，且基本上都是适合叠山的，只有昆石质脆、色白且体块较小，应归于文人案头清供雅石一类。

一、太湖石

“太湖石”，顾名思义，即产于江苏苏州太湖区域的天然石头，传统太湖石多为产于太湖水中的石灰岩。苏州地区雨水充沛，年平均降水量为1100毫米左右，石灰岩的主要成分是碳酸钙，碳酸钙在富含二氧化碳的水的作用下，生成碳酸氢钙，并随水流失，便是碳酸盐类岩石的溶蚀过程。经过亿万年的溶蚀和浪击，在石头上逐渐形成凹槽坑洞，最终变成千奇百怪、玲珑剔透的太湖石。据史料记载，太湖水石在宋代就已经开采完了[1]，之后造园所用的，都是太湖旱石。虽然水石和旱石都出自太湖地区，但旱石露出地表的部分风化较好，而埋在土中部分往往风化不充分而且有土沁，故造型和表面光润程度稍逊于水石。

从现有资料来看，太湖石发现于唐代，唐代吴融有《太湖石歌》：“洞庭山下湖波碧，波中万古生幽石。铁索千寻取得来，奇形怪状谁能识。”虽然东晋苏州顾辟疆园已用“怪石”点景，[2]但“怪石”只是一个模糊、笼统的概念，并不能明确就是太湖石。

自然中具备“瘦、漏、透、皱”特征的石头很多，如北京房山周口店一带的黄太湖石，江苏无锡丁山的宜兴石，浙江湖州的弁山石、白岘石，安徽广德太极洞、巢湖银屏镇的太湖石等。苏州太湖石之所以成为园林景石的代表，有以下6个原因。一是明、清时期苏州经济发达，造园盛行，太湖石使用广泛；二是太湖石产于水中，靠近运河，便于开采、运输；三是太湖石在造型上刚柔兼备、软硬适中，而“灵璧无峰，英石无坡”[3]，这两种石头在孔洞、透漏上均稍逊于太湖石；四是太湖石颜色较浅，容易与植物搭配，视觉效果比较突出，其他山石或杂或黑，景观效果稍差；五是太湖石大小俱全，适合拼叠成山，不露破绽；六是江南地区文人荟萃，太湖石得益于历代文人墨客的追捧，白居易曾言：“石有族聚，太湖为甲，罗浮、天竺之徒次焉。”[4]

苏州留园中的太湖石

二、灵璧石

灵璧石是被中国古人最早从文化艺术层面上发现的石种，其历史至少可以追溯到新石器时代。灵璧石产于安徽省宿州市灵璧县渔沟镇一带，

最早开采于磬云山（磬石山），由于灵璧石密度较高，敲击时可以发出声音，因此最初是被当作乐器中的磬石来开采的，是用于庙堂祭祀的重要礼器。灵璧石大致可以分为纹石、彩灵璧、白灵璧、皖螺石、透花石等8类。除了造型上的优劣、颜色上的差别，敲击时能发出清脆悦耳声音者为上品。1977年，在山西夏县二里头文化遗址中出土了长60厘米的夏代石磬，就是用灵璧石加工而成的。成书于战国时代的《尚书·禹贡》中说："厥贡惟土五色，羽畎夏翟，峄阳孤桐，泗滨浮磬，淮夷蠙珠暨鱼。"（译文：这里的贡品是五色的土，羽山溪谷中的野鸡羽毛，峄阳孤生的梧桐树，泗水中浮出的岛上的磬石，淮夷的蚌珠及鱼类。）

将灵璧石用作园林造景，开始于北宋时期。《古今谭概》曰："米元章守涟水，地接灵璧，蓄石甚富，一一品目。"宋人杜绾的《云林石谱》开篇所记的第一个石种就是灵璧石。据史料记载，宋徽宗的艮岳中也曾使用灵璧石来造景。明代文震亨在《长物志》中说："石以灵璧为上，英石次之。"[5]灵璧石的纹理比太湖石细腻，石质密度也比太湖石高，较大的灵璧石主要用作园林供石，小一些的则作为清供石玩，受到文人雅士的广泛喜爱。评价灵璧石的标准很多，归纳起来就4个字：伛、黑、声、丑。灵璧石虽然不如太湖石玲珑通透，但另具一种孤傲倔强的拙味，非常受古代文人的喜爱，所以灵璧石大多是摆在桌案上作为书房陈设。明王守谦《灵璧石考》："海内王元美（世贞）之祇园，董玄宰（其昌）之戏鸿堂，朱兰隅（之蕃）之柳浪居，米友石（万钟）之勺园，王百穀（稚登）之南有堂，曾莲生之香醉居，刘际明之悟石斋，刘人龙之梦觉轩、彭政义之蔷室，清玩充斥，而皆以灵璧石供。"[6]

灵璧石并非只产于安徽灵璧，安徽东北部与山东西南部也都出产，只是质地稍有不同，叫法有所区别。灵璧石形成于8亿年前，与太湖石一样，都是石灰岩，由于其矿物含量的不同而呈现出不同的颜色。含硅的为白色，含铁为紫红、粉红色，含黏土矿为银灰或黄色。早年灵璧石有

苏州静思园的灵璧石

露出地面的，现已不多见，如今必须深挖才能寻到，所以灵璧石得之不易，以往通常立为供石观赏，用作叠山材料的并不多见。

三、英石

英石产自广东英德，故也称英德石，以望埠镇东部英山出产的最佳，西江、云浮、石庆等地也有出产。古书上多说英石产于水中，现水石已难觅踪迹，只能到山上开采。英石也是在宋代被发现的。史书记载，北宋黄庭坚任象州太守，以万金购英州“云溪石”携归。宋代杜绾《云林石谱》、陆游《老学庵笔记》、赵希鹄《洞天清禄集》，明代林有麟《素园石谱》、文震亨《长物志》，清代谢堃《金玉琐碎》、谷应泰《博物要览》等书，都有关于英石的记载。清代屈大均《广东新语》言英石：“凡以皱、瘦、透、秀四者备具为良。”[7]清代蒋超伯在《通斋诗活》中亦云：“英石之妙，在皱、瘦、透三字。”

“皱云峰”是英石的代表，现存于杭州西湖江南名石苑，相传为宋代“花石纲”遗物，后辗转为清人马汶所得，并作《皱云石图记》记其由来，蒲松龄在《聊斋志异》中，还以它写了一篇名为《大力将军》的故事。英石最大的特点就是“皱”和“瘦”，其特殊的形态，是亿万年风雨风化、溶蚀的结果。英石外形相对于太湖石和灵璧石来说略显“锋利”，其表面纹理有“十字”“龟甲”“螺旋”等，颜色则分白、黄、绿、红、黑、青灰，古人认为英石以黑色为贵。英石也有“阴面”“阳面”之分。“阴面”深埋地下，质松色青；“阳面”裸露地表，质坚色纯。英石中偶有嵌“白筋”的，赏石者常以此作为瀑布跌水而观赏。古人造园由于运输不便，大多就地取材，所以英石假山多在广东一带，岭南四大名园（佛山梁园、东莞可园、番禺余荫山房、顺德清晖园）的假山都是以英石叠成。

四、黄石

在江南一带，黄石与太湖石是叠山的两大门类。黄石最初开采于苏州木渎南5千米处的尧峰山，故也称“尧峰石”，长江中下游皆有产，

江南四大名石之一英石“皱云峰”

古人以常熟虞山黄石为最佳。由于黄石没有曲折透漏之势，起初只是作为铺路筑屋的材料，未作园林景石使用。成书于宋代的《云林石谱》汇集了116种石头，但没有关于黄石的记载。元代以后，太湖石资源基本枯竭，画家倪瓒又自创“折带皴”画法，到了明代黄石才被江南文人逐渐接受。文震亨在《长物志》中说：“尧峰石，近时始出，苔藓丛生，古朴可爱。以未经采凿，山中甚多，但不玲珑耳！然正以不玲珑，故佳。”[8]

以黄石堆叠假山，其意义不单是发现了一个新石种，而是中国假山审美上的一次飞跃。明代以前，赏石崇尚搜奇寻怪，而黄石不以单块石头炫奇，追求“平、正、角、折”的朴拙理念，多做平冈小坂，营造一种山林野趣的自然意境。这种叠石景观往往给人以亲切、平和的感觉，表现出一种与湖石截然不同的叠山风格，后来北方的青云片假山、京西的房山石假山，都是以江南黄石风格作为范本，并逐渐演变成为北方现代造园叠山的主流。

苏州耦园中的黄石

黄石学名是石英砂岩，主要成分就是石英，还有微量的锆石、绢云母及褐铁矿。其本色应该是白色，由于所含三氧化二铁含量的不同，可呈现红黄色或棕红色。黄石为方解型节理，风化分解后大多呈近似方形的多面体，石形古拙、棱角分明、线条刚毅，似斧劈刀斫，具有一种厚重坚实的美感。

五、玲珑石（北太湖石、黄太湖石）

“玲珑石”这个名称是乾隆皇帝命名的，民间也称“黄太湖石”或“北太湖石”，产于北京周口店、石花洞一带。玲珑石出自山间土中，因泥土的浸染，多为土红、土黄色，有一种沧桑的历史感。大石较罕见，以体长1米左右的小石居多。外形多为团块状，少有瘦长弯转之态，虽具“涡、沟、环、洞”的变化，但孔洞密集似蜂窝，大洞少且不穿透。与南太湖石相比，虽略具“透、漏”，而无“瘦、皱”，质地坚韧，比重较大。故以玲珑石叠山，不宜用巧，多以朴拙敦厚见长。

玲珑石由于石色偏黄，深得皇家喜爱，尤其受到乾隆皇帝的推崇，他在《玲峰歌》中写道：“将谓湖石洞庭产，孰知北地多无限。”在《题狮子林十六景》中又言：“（京城）西山玲珑石不让太湖石，此假山即就近取彼为之。”[9]北京的故宫、三海、三山五园都有此石。玲珑石为清代皇家园林的高档用石。现北京大学赛克勒考古与艺术博物馆天井，有一尊玲珑石精品，传为明代米万钟勺园勺海堂前旧物。另有所谓“土太湖石”，因其暴露于地表，土沁色较少，颜色发灰故名，实与黄太湖石为一类。南京栖霞山一带也出产黄太湖石、红太湖石，与北京产黄太湖石相类似，有传闻说北京御苑中有一部分黄太湖石，即为朱棣从南京运过去的。玲珑石数量极少，产地分散，较为难得。20世纪60年代维修北海时，新石已无处可寻，只得从北京老城区收集旧石3000立方米。现玲珑石在自然山中已不多见，少量遗存也多在风景区中，被禁止开采。

传为明代米万钟勺园勺海堂前的玲珑石

六、青石（青云片）

青石是一种细砂岩，石色青灰，形状类以江南黄石，由于多为片、块状不规则矩形体，故也称“青云片”，最早采自北京海淀红山口一带的小山上，由于红山口靠近颐和园、圆明园，清代被作为北太湖石的补充石种，大量使用在皇家园林的造园中。

青石在清代皇家用石的等级上略低于北太湖石，原因有三：一是青灰的平民颜色，等级较低；二是形状上不讨巧；三是产地较多、数量较大，价格也相对便宜。所以多用于行宫、王府、寺观的花园中，如北京的恭王府、钓鱼台养源斋、白云观后花园等。青石适合大批量使用，容易与环境相融合。此外还常作为园林中的功能石，如挡土护坡、磴道云步、泊岸石、山石花台等。青石在北方产地较多，辽宁、河北均有出产，承德的避暑山庄所用的青石为当地石种，但与京西青石极为相似。清末以后玲珑石难寻，青石随即占主导地位，山子张后人悬挑巧搭风格

北京恭王府青云片假山

的假山，多用此石叠成。如今由于封山育林，京西山脉大多不让开采，青石也已不易得。

七、房山石

房山石产自北京西南的房山区，为改革开放后新发现的一个石种。清代修建皇家园林，开发了北太湖石和青石（青云片），没有使用房山石叠山的记载。20世纪90年代，随着首都环境绿化美化的深入，山石需求量与日俱增，以往京西玲珑石和青石的产地，已成为风景名胜区，无法开采山石，急需寻找新的叠山石种。在综合比较了密云、昌平几处的山石之后，业内人士认为房山石风化充分，独立无根，量大质优，又具备开采条件，首先在贝聿铭设计的香山饭店庭院中得以使用。

房山石不像黄石和青石那样棱角分明，其外形方中带圆、刚柔相济，多为不规则矩形块，有较好的体积感和堆叠面。小石长约一米，大

石七八米的也很常见，形状好的可作为供石，由于石面较平整、易刻字，也常作为标志石孤置。房山石也有水石和旱石之分。水石就是山涧河谷中的石头，俗称“水冲石”，由于季节性流水的冲刷、溶蚀，表面光滑，纹理清晰，呈现出或青或白的石头本色，形状大多为方中带圆的块石，适合草坪散点和水矶、驳岸。旱石裸露于山体表面，俗称“山皮石”，表皮风化后为深灰色，在沟槽深纹中有黑色苔痕，适合堆叠和土山点石，如配以奇松怪柏，意境极其苍古，绝似中国的水墨画。房山石是北京周边存量最大的一个石种，近来每年用量少则几万吨，多则数十万吨，有的还远销外省。房山石最早采挖于上方山云水洞附近的山坡谷地中，后随着山石用量的增加，逐渐扩大了采石范围，现已扩大到河北涞水、易县一带。

北京雁栖湖国际会都房山石驳岸

八、石笋

石笋为江南园林中的常用石种，当地也称之为白果笋、松皮笋、鱼鳞石，学名叫瘤状泥质结核岩，产于江苏宜兴、浙江衢州市常山县砚瓦山等地，由于人们常将它与竹子搭配造景，故称“石笋”。计成《园冶》言之为锦川石：“斯石宜旧。有五色者，有纯绿者，纹如画松皮，高丈余，阔盈尺者贵，丈内者多。近宜兴有石如锦川，其纹眼嵌石子，色亦不佳。旧者纹眼嵌空，色质清润，可以花间树下，插立可观。如理假山，犹类劈峰。”

石笋的表面嵌满如“白果”状的瘤或瘤窝，这种岩石是在远古的浅海中形成的，石中的“白果”其实是由泥聚集的结核，成岩过程中被碳酸钙等沉积物包裹、固化，后经地壳变动露出水面，在千百万年的风化剥蚀过程中，如果结核本身比包裹它的岩石坚固，风化会将结核剥蚀出

苏州怡园石笋

来，通体就会呈现出如鳞片的“白果”，俗称“白果笋”；如果结核本身不如包裹它的岩石坚固，就会先被风化溶蚀掉，留下通体的凹坑，形似古松老皮，俗称“松皮笋”。天然柱状石笋的“白果”及窝坑均完整无伤，现市面上的柱状石笋多为劈凿加工而成，“白果”及窝坑呈断裂不完整之状。石笋是外形修长如竹笋的一类山石的总称，类似的还有斧劈石、乌碳笋、慧剑、钟乳石笋等。过去，北京颐和园前山东脉有高达数米的石笋，就是慧剑，今已难寻。

将石笋置于竹子中造景，为园林中占地最少的山石景观，宅旁窗前，墙隅天井，咫尺之地便可成景。石笋愈瘦愈佳，竹子越疏越雅，此二物的组合，为江南文人的一大发明。

第二节

假山堆叠的工艺流程

传统假山的工艺流程，一般分为6个步骤：读石、选石、叠石、镶石、勾缝、绿化。需要说明的是，其中“绿化”一项，不单指最后的栽种植物，还包括在叠山过程中，用山石预先堆叠或留出种植穴，以便之后装土栽苗，这个过程必须在假山堆叠中同步完成，是叠山工艺流程的一部分。另外，这里所说的工艺流程，是针对堆叠式假山而言（有些步骤，散点置石是没有的），是假山堆叠的标准流程。当今造园中也有一些假山，只堆叠不镶石，或者只镶石不勾缝的，如贝聿铭苏州博物馆的假山，或是一些挡土护坡和草坪点石，但这些都不是堆叠的假山，属于置石点景一类。

叠山不需要专门的工具，所使用基本都是土建瓦工、石匠的工具，根据不同的假山施工情况，一般应有吊车、叉车、装载机、吊链（俗称“葫芦”）、吊绳（钢丝绳、吊装带）、大小撬棍、大小锤子、凿子、柳叶抹、鸭嘴抹、灰板、笤帚、刷子、手推车、振捣器、搅拌机、灰浆桶、水桶、铁锹、镐头、木夯等。叠山前现场的其他准备，还包括道路畅通，水、电接通，山石、水泥、沙子、石子等材料到位，基础施工完毕并达到养护期。

一、读石

假山石运至施工现场后，山匠徘徊于山石之间，反复观察、研究山石的“形”“纹”“色”“质”“位”等因素，并熟记于心，这个过程就是“读石”。所谓“形”，包括山石的形状及大小；“纹”，是指山石花纹节理的走向和深浅；“色”，即山石的颜色和阴阳面；“质”，是指山石有无裂隙和其风化程度；“位”，就是山石存放的位置。古人叠山对读石非常重视，认为“叠山之始，必先读石”。[10]为了便于施工前的读石，有条件的施工现场，山石料应将纹理特征明显的一面朝上，平摊散置摆放，石下垫空，尽量不要叠压，一是便于挑选和拴绳，二是吊装时不会碰伤人员及石头。

二、选石（相石）

叠山之中，要根据堆叠的不同部位、不同阶段，选用不同品相和不同大小、颜色的石头，这个过程就是“选石”，也称为“相石”。独立欣赏的供石可以用纹理、姿态品评美丑优劣，叠山用石则不能以此为标准，重要的不是单块山石的形态，而是把适合的石头放到合适的位置，有时候“歪瓜裂枣”更合适、更好用。比如说纹理少的石头可放在峰顶，以造成高耸的距离感；单面观赏的假山，色浅的石头可放在后面，似远山淡抹，具有进深感。反过来说，一块形纹俱佳的石头，如果摆放的位置不对，不但不会添彩，很可能还会画蛇添足，甚至添丑，对山石资源也是一种浪费。所以说，选石的标准并非是选用所谓的“好石头”，而是在合适的施工阶段、合适的摆放位置选择合适的石头。

三、堆叠

将单块的山石拼接组合，以模拟自然山岳的形态，这个过程就是假山的堆叠。假山方案设计得再好，最终也还是要通过堆叠来实现，而堆叠的过程，不是靠一个人单枪匹马就可以完成的，而是多方人员共同努力，多种因素共同作用下的结果，所以假山施工决不能以石说石、就山论山，而要善于利用各种相关因素，处理好各方面的矛盾，还要拥有大局观念和明确的目的性，灵活应对、变通妥协，这些都是叠山者需要考虑的因素和必备的素质。

叠山的造型上有五忌：香炉蜡台、笔架花瓶、刀山剑树、城墙堡垒、窝山坟头，这些假山的造形需要结合具体实山加以理解，在此不作展开说明。假山堆叠的过程通常可分为“拉底”、“叠山”和“结顶”3个部分。

（一）拉底

在假山基础上码放第一层山石，叫作“拉底”。拉底的意义在于假山的平面规划和布局，以确定峰、谷、脉、洞的位置、朝向和范围。拉底用石通常是选用形态、纹理、颜色欠佳的山石，但须结实可靠、无裂耐压。

“拉底”为北方叠山用语，多针对青石假山而言。古人叠山时为了便于向假山上搬运石头，叠山时须先在假山上堆出平面，然后逐层堆高。叠山之初，基础做完后，师傅在此基础上画出假山的平面外形轮廓，工人将山石移动到位，由于底层山石不需抬升，多是平地拖拽，故称其为“拉”。现在叠山全是机械吊装，只要吊车吨位足够大，假山堆叠时就不需要做出平面逐层叠加，而是任其大小，错落咬合堆叠。有时场地狭窄，吊车只能从一头开始吊装，随码随退；场地宽裕时，吊车居中，低码高叠、多去少补都由吊车轻松摆布，更无所谓“拉底”。因此现代叠山一般不需专门的“拉底”，而是直接进入堆叠造型的阶段。这样做的好处，一是选石用料灵活，局部没有合适的山石，可以暂时不做；二是山石不拘泥于等高平砌，高低错落、大小穿插，易形成视觉上的体量对比；三是堆叠不必“齐头并进”，而是分峰造型、互为参照，便于现场发挥，堆叠效率更高。

（二）叠山

叠山，就是堆叠假山的主体。这一过程的关键是要掌握山石的重心，只有掌握好山石的重心，假山才会安全。山石的上下层叠，要错缝安放，结构上才能稳固。堆叠时山石用小石垫稳，这个工序叫“刹垫”或“打刹”“打垫”，[11]用以刹垫的小石则被称为“刹石”或“垫石”。刹石要选用颜色和质地相近的“刀口片”，刹垫时要用手锤将刹石打牢。另外，叠山时尽量将山石的自然面朝外（即山石的阳面），并统一纹理、颜色，山石要大小相兼使用，不可均块排队，以避呆板乏味。悬挑山石，配重要足，考虑到将来可能会有游人攀爬，一般要求配重石不少于悬挑山石的3倍。

（三）结顶

结顶，就是假山峰顶的造型堆叠，俗称“收顶”或“收头”。自然界的山峰多种多样，有的山高峰险、刺破苍天，有的壁立千仞、雄伟浑厚，这些峰岭虽然在造型上没有人工假山奇特，但自然山岳体量极大，雄伟高峻、气势逼人，不是庭院假山可以照搬的。因此假山结顶要将自然山岳抽象化、典型化，也就是艺术界常说的“来源于自然，又要高于自然”。在结顶风格上，要根据假山所用的石种来决定，注意主、配、次峰之间的关系，切不可等高同宽，造型上则要参照国画原理，要有主次关系，一般太湖石宜用“云头皴”“骷髅皴”，黄石

大斧劈皴，《芥子园画传》

宜用“斧劈皴”“折带皴”，尽量做到四面可观，正面为主的效果。

披带皴，《芥子园画传》

四、镶石

假山堆叠完成后，用小块山石对山石间的空洞缝隙进行镶嵌，以增加假山的整体感，这一过程就是镶石，镶石是对假山造型的精细加工。

镶石既可以弥补造型上的缺陷，也有一定的加固作用，在工序上介于堆叠与勾缝之间。镶石绝非一堵了事，而是要根据山石的颜色、纹理、质感进行镶补。由于湖石弯转透空的特点，湖石类假山的镶缝拼接相对于黄石类假山更容易，这是因为湖石没有方向性纹理，拼接时可任意变换镶缝的角度方向，凸出凹进、高低倾斜都不会露出破绽。

五、勾缝

勾缝就是将山石之间的细小缝隙，用水泥等材料填补起来，以减少假山的结合缝，从而起到美化作用。勾缝一般两次，为铺底和罩面，也有一次勾完，用刷子扫光成形的。勾缝用的水泥，可根据不同的山石，适当掺加石粉或矿物颜料，使颜色统一。水泥勾缝，越窄越好，宽则嵌石随纹。

一般来说，凡是山石拼接之处都要勾缝，但也不是所有的缝都要勾掉，有一些石缝留着反而更加自然。大体上说竖纹山宜留竖缝，横纹山宜留横缝；拼合自然的缝可留，结合别扭的缝则须勾。值得注意的是，勾缝对于假山的稳固作用几乎可以忽略不计，假山结构的安全，主要还是要靠刹垫的牢固和堆叠时对重心的把握。

六、散点

散点，也称置石、跳置，是园林假山的一个重要组成部分。散点看似无心，实则有意，是以有意创造随意。一般来说无论旱石、水石、太湖石、花岗岩石、河卵石，只要是天然石皆可用于散点置石，只是浑圆无棱角的山石通常更有效果。岭南常以黄蜡石散点，南京石头城下、济南趵突泉外皆以砾岩散点，效果都不错。

散点并非乱点，虽然星罗棋布、攒三聚五，但也要一脉相承。如果没有诸如挡土护坡之类的功能性要求，散点石的数量便可多可少，多有多的厚重，少有少的疏朗，关键在于点布的章法及与周边景物的搭配关系，但在石组的体量上要有大小轻重之别。另外，石组的拼接要追求一

北京奥林匹克森林公园中的散点石（一）

北京奥林匹克森林公园中的散点石（二）

块岩石风化开裂的效果。散点石要深埋浅露、掩土过腰，所谓“腰”即石之最宽部位。另外还要注意散点石植草后的效果，草坪的高度一般为5～10厘米，摆放时要预留出这个高度。水中散点原理基本与旱地相同，但要特别注意常水位的高度以及低水位的效果。园路两侧的散点山石，要注意错开距离，避免成为消防通道的障碍，在居住小区的道路点石尤其要注意。

总而言之，散点石虽灵活跳置，也要有脉络连贯、走势一致之意。散点的最佳效果是朴实自然，不引人注意，仿佛是原生土长一般。

七、绿化

绿化是使假山富有生命的重要手段，它具有点缀、衬托、遮丑、增加季相的功能。由于天然山石纹理、颜色上的差异，假山堆叠完成后，难免会出现不尽如人意的地方，以植物遮挡是最后的补救办法，植物原

苏州艺圃中丰富的植物配置

本也是假山整体景观的一部分。补救的原则就是遮丑彰美，即假山有缺陷的部位要遮挡，精彩的地方要彰显。另外，没有植物的假山就是枯山裸石，毫无生气，种植植物可以使感觉干硬的石头软化，给人以润泽、秀美的感觉。

（一）再现植物的群落关系

植物在自然状态所呈现的群落美，具有天然的合理性及平衡性，是大自然物竞天择、适者生存的结果。假山绿化要以自然界植物与山石杂生并存的生态学原理，模拟、再现岩石植物的群落关系。

（二）乡土树种

在品种的选择上应尽量选用乡土树种，不以品珍类多斗奇。乡土树种最能体现景观的地域特色，且成活率高，易管理，费用低，景观效果好，也比较符合地域性的审美习惯。

苏州留园的植物配置，乔木、灌木、花草层次分明

（三）植物的选择

现在在施工以前，一般都有植物种植的图纸，但在假山堆叠完成后，还要依据现场的感觉进行具体调整。在植物的选择上，要根据假山的形状、高度、部位、朝向等因素进行综合考虑。一般来说，石山山顶不宜栽种植物，否则会降低假山的视觉高度，可适当种植一些攀缘植物，但要控制好七分石三分藤的视觉比例。苔藓适合于石缝的处理，在遮挡水泥的同时，还增加了绿视率。假山周边还要适当配植一些鸟嗜植物和蜜源植物。水生植物有利于净化水质，对于水景假山是必不可少的，但要注意控制其生长的范围，切忌荷叶满池，不见水色。草皮可以使山脚与地面结合得更为紧密，并且有净化视觉、保持水土的作用。

（四）植物的姿态

要选用具有非对称姿态的植物，尤以古松、怪柏、老梅、曲藤最

苏州环秀山庄假山上的“探水松”

为耐看。山腰可点缀几棵盆景树，如“悬崖式”“临水式”“曲干式”，树木不宜高大，虬干老枝最宜，甚至可以采用“枯梢式”“劈干式”的奇松怪柏，以增加假山景观的画意和苍老感。山脚则以“斜干式”“卧干式”“丛干式”“提根式”为佳，但要控制好树与山的尺度比例。

（五）穴栽植物

假山种植分为地植和穴植，地植对苗木没有特殊的要求。穴植植物需要具备一些条件：耐旱、耐风、耐贫瘠，适合小空间生长；植株矮、枝叶小、生长慢、多年生；姿态优美、颜色柔和。

在石山上种植物，必须要有科学而精细化的管理。种植穴须在假山堆叠时提前预留，尽量选在向阳背风处，穴底垫碎石粗砂排水，浇水可设滴灌，湿度可用雾喷系统调控，营造出良好的局部小气候。后期管理要控制植物的疯长，通常以植物占假山景观画面的1/3为宜。供石尤其不宜遮挡，供石上若爬满攀缘植物，便失去了欣赏价值。如果山石本身带有野草、荆条之类的植物，要尽量保留。

第三节

山石韩叠山技法

山石韩叠山技艺，是以自然山石堆叠成山的一种造景手法。园林中的造园叠山，在工序上本无太大差别，水平高低只在于叠山造型审美和理念上，就如同画家所用的绘画工具和基本方法是相同的，然而创作出的作品却有很大差异。山石韩在长期的叠山实践中，总结出了一套设计、堆叠假山的造型规律和技法，并以这些造型规律和技法作为指导，运用到实际叠山中，创作出了许多优秀的假山作品。

叠山是技术与艺术的高度统一，是各种因素在集中时间、集中地点共同作用的结果，比如人员、资金、工期、山石、吊车、道路、场地、季节、天气、交叉施工等。由于假山审美的主观性和堆叠场地的公开性，其艺术效果极易受到外部因素的干预和影响，能够很好地协调各种关系和因素，是假山技艺之外的功夫。

一、假山设计

一座假山效果的好坏，首先在于设计的立意和构思。同样是一堆石头，不同的设计理念可以形成不同的风格、意境和水平。古人叠山受到技术手段的制约，都是人拉肩扛，因此普遍用石较小。如今起重机械、运输设备先进，石头的搬运和提升已不再是假山设计时要考虑的问题，尤其是新材料、新技术的发明，已经突破了假山造型上的许多限制，使假山设计可以更加放开想象，大胆创新。

假山设计是与自然比美，同造化竞秀，是假山工程中最具挑战但同时也是最有趣味的。创意不是面对一张白纸的冥思苦想，而是在实地勘查、深入调研、充分沟通基础上的博采众长、厚积薄发。创意的过程通常是先放后收，概念设计时天马行空任想象驰骋，可以尝试各种可能；深化设计时结合环境、目的、功能仔细斟酌；确定方案时反复推敲其造价以及施工的可行性。虽然在当今的技术条件下造园，可以说是要山得山、要水得水，有很大的发挥空间，但再有创意的奇思妙想也要合乎委托方的要求、园子的主题，以及岩性山理。

因此，假山设计首先要有针对性。同样是假山，现代公园与古典园林风格不同。现代公园中的假山重在一个“游”字；古典园林中的假山重在一个“赏”字。其次是原创性，原创是设计的灵魂，是形成风格的关键，任何创作都需要汲取前人的精华和经验，不能独自凭空想象、闭门造车。但这种借鉴应该是思路和理念上的，是在学的基础上的扬弃与创新，而不应当是在设计中对以往方案的原样照搬，尤其不能以假山作品的照片代替假山的方案设计。最后要有艺术性和功能性。艺术性是实用以外多余的部分。一个陶罐本身已经具有了贮水的功能，先民绘上一条鱼并不会增加贮水量；古建筑瓦当的图案再漂亮，也不会增加保护木构飞檐的功能。然而这些看似多余的装饰，却使我们的生活变得富有情趣并充满诗意。山石在园林中的实用性，是一种趣味，虽然其实用功能大多可以用其他方法代替，比如说山石步道可以铺砖，障景山也可以换成影壁墙，山石驳岸也完全可以用条石代替，如果单从实用上说，自然山石往往不如这些替代材料施工方便、造价低廉，但也正是这种“自找麻烦”的山石运用，才使得中国的山水园林别具一格、与众不同。

最能准确呈现假山设计的方式是制作实物模型。因为模型可以直观、立体地从各个角度把握假山的尺度和比例关系。通常来说假山模型可分为

辽宁盘锦某项目

山西临汾某塑山项目

山东威海某公园

山东东营某项目

两种，一种是展示模型，供讨论和展示用；另一种是施工模型，为了指导施工制作。展示模型制作相对精细，一般是给业外人士观看的；施工模型是给施工者自己用的，所以只注重实用，说明峰峦的关系即可。古人做假

韩雪萍在做假山模型

山西某项目（一），假山亭桥

山西某项目（二），假山亭桥模型俯视

山西某项目（三），草坪点石

山西某项目（四），瀑布假山

山模型是用胶泥、纸筋为材料塑形；近代用橡皮泥，现代多用“泡沫”（可发性聚苯乙烯泡沫塑料）。不管用什么材料，假山模型应该有以下几个特点：能够塑造立体的形象，容易着色、修改，重量较轻，便于搬运。山石韩在长期的设计实践中，摸索出了自己独特的假山模型制作方法，制作的模型造型准确、质感逼真，取得了良好的设计效果。

二、叠山“三峰法”

“三峰法”，又称“三安法”，是叠山造型上的一种组合方式。山石韩通过对大自然中名山大川的观察，为了把握假山造型的一般性规律，建立山峰之间的主次关系，将假山简化分为主、副、从三个部分，又将每一个部分分解为主、次、配三个峰，每一个峰又分为大、中、小三组山石。由此建立起一个三三制的级差，使假山峰岭在造型上既能层次分明，又能彼此呼应；既有丰富变化，又有一定规律，从而达到变而不乱、似而不同的艺术效果。当然，三峰法并非绝对就是“三”的概

北京中央党校荟茗园假山，以山峰为组的三峰法

念，而是就假山的主次层次而言，叠山时不能死教条，三峰法的本质就是“一山之中无似峰，远近高低各不同”。

三、叠山“十字诀”

“十字诀”是指在造园叠山中，石与石之间的拼接组合方式，山石韩在继承和研究前人经验的基础上，结合自己造园叠山的体会，总结出如下“十字诀”，前五字多用于黄石假山，后五字多指湖石假山：

安，山石的横卧放置。此为置石最基本之态，摆放须石纹平直，如是草坪置石，则要深埋浅露，使石生根。

连，两石间的水平组合。此种组合最为常用，不同的连，可使假山变化丰富，关键要选石巧妙、拼缝密合、拼接自然。

并，多块山石横向组合。但山石的高度基本相同，须有进出错落的

平面变化。多用于草坪散点、驳岸护坡。

峭，山石的纵向竖立。凡纵向立石皆为峭，独石则峭立；多石则峭壁。峭的关键是纹理垂直、找准重心。

接，两石间的上下相叠。接是叠山之根本，假山因叠置而成形，须注意纹理要贯通，颜色要相近。

巧，山石之间的随形咬合。石各有形，贵在依形巧拼，湖石弯多洞密，叠山易显琐碎，巧拼得当则可化零为整。

搭，山石的横向重叠依从。主次偎依、若即若离、聚散得当、疏密有致是搭的关键。

撑，山石的斜向撑抵。此多用于假山的“动态”造型，石之撑抵以形成动感飞扬之势。

拱，山石在两壁间悬置。多用于山洞之顶，两端以刹石卡紧，形似过桥状。

悬，悬如钟乳，山洞中多用此。悬又包含山石的向外悬挑，小为悬岩，大为悬崖，“悬”的运用有平中求险之妙。

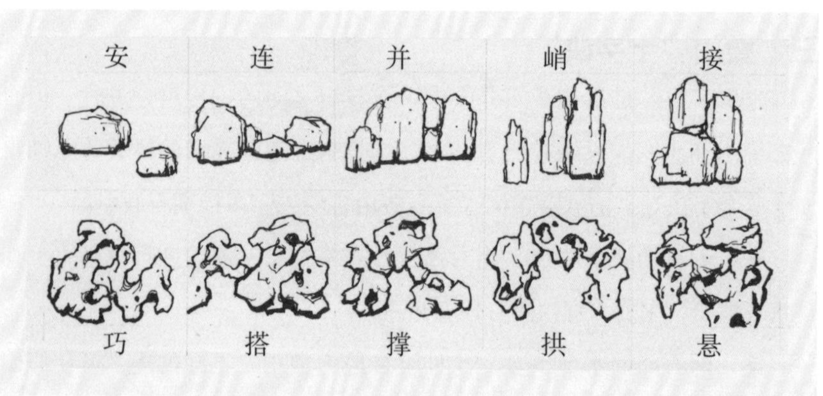

叠山“十字诀”

四、叠山十大要点

“三峰法”和“十字诀”说的都是叠山的具体手法，是石与石之间局部的组合关系，“十大要点”则是针对假山整体造型而言的。假山造型的优劣主要取决于以下这10个因素。

（一）宾主

假山中的宾主首先体现在高度上，主峰最高，次峰次之，再低者为配峰。一般来说，同一座假山中不能有相同高度的山峰，这里也包括次峰、配峰之间。即使不是同一座假山，如果是在同一视线范围内，也不要出现相同高度的山峰，换句话说，主峰必须具有唯一性，否则就不能构成视觉上的兴奋中心。宾主关系除了有高低之分，还有体量之分、距离之分、前后之分。一般主峰的体积要大于次峰、配峰，主峰要雄伟，次峰要俊秀，配峰要敦实，切不可喧宾夺主。

（二）层次

层次有两个意思，上下为层，前后为次。假山层次多，造型就丰富耐看。但层次多也要有序不乱，散乱便无岩性山理。大型假山最忌“散”字，布局一散，便无精打采、缺乏张力，只剩“乱”了；山石小品，最忌“整”字，囫囵一体，不分主次，缺乏层次起伏的变化，只会给人以“闷”的感觉。所以大山不乱立峰，小山不少层次；大山取势，小山取巧，是为叠山之理。

（三）起伏

山脊是假山的轮廓，一座假山从山麓到山顶，应该有起伏变化，不能是一条直线。假山的起伏要有大的落差，不能做等差起伏。叠山之初就要把握好大的开合起伏，先确定假山的峰岭和大致轮廓，峰峦、山脊、山洞、山脚，再仔细斟酌、精心完善，用小石接顺纹理、拼接补角，即所谓大胆堆叠，小心收拾。另外，建筑、土山和林冠线的起伏，也是假山造景的一部分，假山设计时应该一并考虑。

（四）曲折

曲折就是平面上的进出变化。中国园林刻意回避简单、直白的造型，崇尚曲折、自然的变化。景观元素多以曲为形，曲径、曲水、曲洞、曲桥、曲廊、弯曲的湖石、曲折的溪岸、弧形的美人靠、建筑的飞檐翼角……甚至在景名上也以“曲”字点题，“曲水流觞”“曲径通幽”等。造园叠山要追求自然和野趣，就不能有绝对的几何特征，山脊、山脉、山洞、山溪、山径等都要曲折有致，直中有曲，曲中有直，没有规律就是最好的规律。

（五）节奏

节奏就是一种韵律，是“起承转合”的集合，美的东西都有节奏，绘画的明暗，书法的顿挫，武术的攻防步伐，戏曲的唱念做打，也都存在着明显的节奏。“起承转合”的节奏同样适用于假山。节奏除了具有美学价值，还可以优化游览路线。扬州个园假山，在设计上巧妙利用四季的概念，使假山分成了春、夏、秋、冬四部分，使游览路线产生了清晰的章节感，很好地解决了假山游览的节奏问题。

（六）均衡

假山视觉上的不均衡，往往给人以不安全的感觉。美的事物通常都是均衡的，但这种均衡不一定是数量或重量上的相等，而是动态或感觉上的均衡。假山的均衡并非山体的对称相等，而是视觉心理上的均衡。一侧假山体积较大，另一侧可置小亭或小桥压坠；一侧山峰较高，另一侧可用树木纠正。斜纹假山要在动态中寻求均衡，不能给人以倾斜欲倒、失衡偏重的感觉。

（七）呼应

假山峰峦的向背俯仰，必须互相呼应，主峰与次峰之间、次峰与配峰之间都要有顾盼之姿。没有呼应就无法形成一个整体，构图就会显得松散而没有章法。假山的呼应，是指峰顶岭脊的朝向和峡谷麓脉的走向，在布局上形成和谐关系，前不掩后，高不压低，彼此避让，顾盼照应。供石的呼应则是石与石的顾盼关系。苏州五峰园的“五峰石”，松江方塔园的“五老石”，都是将数尊供石错落设置、彼此呼应，作为一个整体来欣赏。

（八）对比

对比可以衬托出双方各自的特点，使特点更加突出、夸张。叠山中可对比的因素很多，如造型上的平险、拙巧、刚柔，体量上的大小、轻重、多寡，质感上的凹凸、软硬、粗细，色彩上的明暗、深浅、冷暖，方位上的高低、远近、上下，形状上的方圆、长短、宽窄等。园林中巧妙的对比，具有强化景观的作用，虽然游人不一定能够察觉到这种对比，但缺少对比，园林便平淡无奇，失去了魅力。一般来说，对比越强烈，给人的印象就越深刻。

（九）开合

“开合”一词源自中国山水画，“开”即展开，“合”即合拢。表现在假山中也可以称为“收放”，比如假山布局的疏密，山洞、峡谷的宽窄等。只开不合布局就会散乱，只合不开画面就沉闷呆板。开合主要体现在空间造型上，一般有“向背式”和“宽窄式”两种。开合变化是随着游人的步移而景换，从而产生空间感觉上的收放变化，以达到心情的愉悦和美的享受。

（十）虚实

从构图对比的角度来说，假山宜虚实相间，过虚则轻飘，过实则滞重。由于假山是由山石组合而成，所以不必强调“实”的部分，“实”已存在，重点是要化“实”为“虚”。比如分岭为峰，断一为二，可以使假山更有进深层次；山洞、峡谷或者在直壁上做出凹凸的进出，可以消除闷堵的感觉；用植物遮挡可以软化山石，使假山看起来不至于太干燥、坚硬。此外，用水景来软化山石，也是叠山中常用的手法，比如瀑

布、跌溪、涌泉、滴泉等。假山造型，坚实厚重易，轻灵明快难。

五、施工要点

叠山可能是最兴师动众的艺术创作之一，不仅山石的开采、运输需修路架桥动用机械、车辆，堆叠时还要依靠人工和吊车的配合，不可能像绘画或者雕塑那样一个人独立完成。广场雕塑尽管也需要工人、机器的共同协作，但那是对雕塑作品的原样放大，并非雕塑家的现场创作。建筑虽然比假山更高大，更复杂，但建筑施工是标准化的工业生产，是有图可依、有章可循的，建筑的目的是“用”；假山施工是一种主观性、艺术性的综合发挥，作品的用途则纯粹是“看”。

堆叠的过程，就是现场二次创作的过程，假山图纸设计得再详细，由于山石和现场情况的不确定性，也不可能完全按图施工，假山施工主要取决于以下三点：

（一）叠山的效率

堆叠时山匠必须依据设计构思和现场山石，迅速地凭直觉确定山石的摆放位置，工人和吊车不可能长时间地等待，这不单是时间、工期的问题，还是成本问题。一般来说，石头在吊装之前最多只能量出高低长宽尺寸，至于形状是否合适，拼接是否合理大多是凭主观感觉，在摆放石头时难免有造型、大小、纹理和颜色上的差异，通常是凭直觉先选一块放上去，稍有不妥，调个方向、换个角度大多会达到目的，如果实在不合适，也知道下一块应该选择什么样的石头。由于叠山是现场的即兴创作，推敲和反复在所难免，对于返工或调换山石，大家一般是可以理解的。

（二）机械、场地的限制

由于场地狭窄、室内施工、屋顶花园荷载不够或地下管线不能重压，无法将山石运到施工现场；或是由于起吊的距离太远、吊车的力臂过长，不能把石头吊送到指定位置，从而无法达到预期效果；或是由于建筑、树木或高压电线的阻挡，为了安全的考虑，不能进行吊装作业等。所有这些，都会影响到假山的最终效果，甚至被迫修改或放弃方案。理想的情况是将山石存放在吊车够得到的地方，一是避免二次搬运，节省时间和费用；二是减少山石相互磕碰的概率。

（三）山石材料

一是山石的品质，好用的山石是风化充分、石皮天然、无伤无裂、大小俱全。但现在采挖山石大多用挖掘机、装载机，石头被划得遍体鳞伤，无磕碰伤的山石不多，这就要求堆叠时尽量显露完整面。二是山石须大、中、小兼有，中等石为主。三是山石的数量，山石材料有无挑选余地，也是重要的因素。钓鱼台国宾馆正门的大假山，固然是有极高的艺术造诣，其1/10的山石选用率，也是一个不可忽视的重要原因。

山石韩叠山技艺传承人，虽然具有一些共同的特征，如注重向自然学习，擅长山水绘画，掌握不同山石的特性和结构学、力学、起重等知识，但每个人又因经历和性格的差异，叠山风格上有所不同。韩良源、韩啸东长期在苏州，擅长叠太湖石假山；韩良顺、韩建伟在北京，假山多以房山石堆叠，擅长竖纹假山，彰显挺拔险峻的叠山风格；韩良玉、韩建林、韩建中擅长横纹假山，叠山风格稳重大气；韩雪萍叠山风格细腻精致，尤其善于山石与植物的结合配景，注重假山整体的画面感，擅长GRC假山的制作，参照张家界砂岩峰林，首创GRC假山横纹竖码的做法。韩雪萍作为女传承人，善于开拓、勇于创新，在山石韩家族中第一个成立公司、创办实体，在做好假山的同时，还扩展了设计、土建、绿化等园林综合业务，使山石韩的生长根基更加稳固，发展前景更加开阔。

注释：

[1] 据《吴县志》载："唐代，太湖石已作贡物……至北宋末，经多年开采，洞庭西山的太湖石已基本采尽。"到了北宋徽宗时，太湖水石已不易得，便开始采挖山上的太湖旱石。《南宋文录录》卷一程俱《采石赋》："建中靖国元年，以修奉景灵西室，下吴兴郡采太湖石四千六百枚，而吴郡实采于包山也。"包山位于太湖西山岛上，以盛产碧螺春茶而闻名。

[2] 陆羽诗："辟疆旧林园，怪石纷相向。"皮日休诗："广槛小山欹，斜廊怪石夹。"但这二位都是唐代诗人，距顾辟疆生活的东晋，已相差五六百年，若据此得出东晋已使用太湖石的结论，似缺乏说服力。

[3][5][8] [明]文震亨著，陈植校注：《长物志》，江苏科学技术出版社1984年版。

[4] [唐]白居易《太湖石记》，陈东升主编：《中华古代石谱石文石诗大观》，中国文化出版（石文卷，上）。

[6] [明]王守谦《灵璧石考》，陈东升主编：《中华古代石谱石文石诗大观》，中国文化出版（石文卷，上）。

[7] [清]屈大均：《广东新语》，康熙三十九年（1700年），线装木刻本，卷五。

[9] 丁文父等：《御苑赏石》，生活·读书·新知三联书店2000年版。

[10] 王至诚：《中国山石艺术与施工》油印本，1960年。

[11] 王至诚先生认为是左边一个"石"字、右边一个"塞"字，读sà，现在通用为"刹"。见王至诚：《中国山石艺术与施工》油印本，1960年。

第五章

山石韩叠山技艺的保护与发展

第一节

山石韩叠山的特点

一、以画意叠山

中国山水园林与山水画，是可以互为借鉴和转换的，历史上有很多园林是按照名画建造的。如圆明园福海中的蓬莱瑶台，是根据唐代画家李思训的《仙山楼阁》设计；承德避暑山庄的万壑松风，源自宋代画家李唐的同名画作；扬州康山的万石园，则是按石涛的画稿布置；清长春园的狮子林，是以倪云林的《狮子林图》为蓝本。乾隆皇帝在《狮子林八景诗》序中说："狮子林之名，赖倪迂图卷以传，此间竹石丘壑皆肖其景为之，冠以旧名。"清代的皇家园林几乎都是按照江南园林的图画来造园。而好的园林，本身就具有山水画的意境，是画家喜爱表现的题材之一。以园入画最著名的是《圆明园四十景》，是根据乾隆皇帝的旨意，于乾隆九年（1744年）由宫廷画师唐岱等绘制而成，这些画作不但是精美的艺术品，还具有非常重要的史料价值。其他如文徵明的《拙政园三十一景》，沈周的《虎丘十二景图》等，也都是以园入画的佳作。

山石韩造园叠山自韩恒生开创，到后来其技艺得到世人广泛认可，精通山水绘画可谓是成功的一大因素，韩恒生晚年定下家规"子孙欲承业，必先究绘事"，要求后人若想传承造园叠山之艺，必须先掌握山水绘画的技法。因此，山石韩历代传人对绘画、诗词的学习都非常重视，肯下功夫。首先，中国山水画的表现内容与山水园林的建筑内容是相同

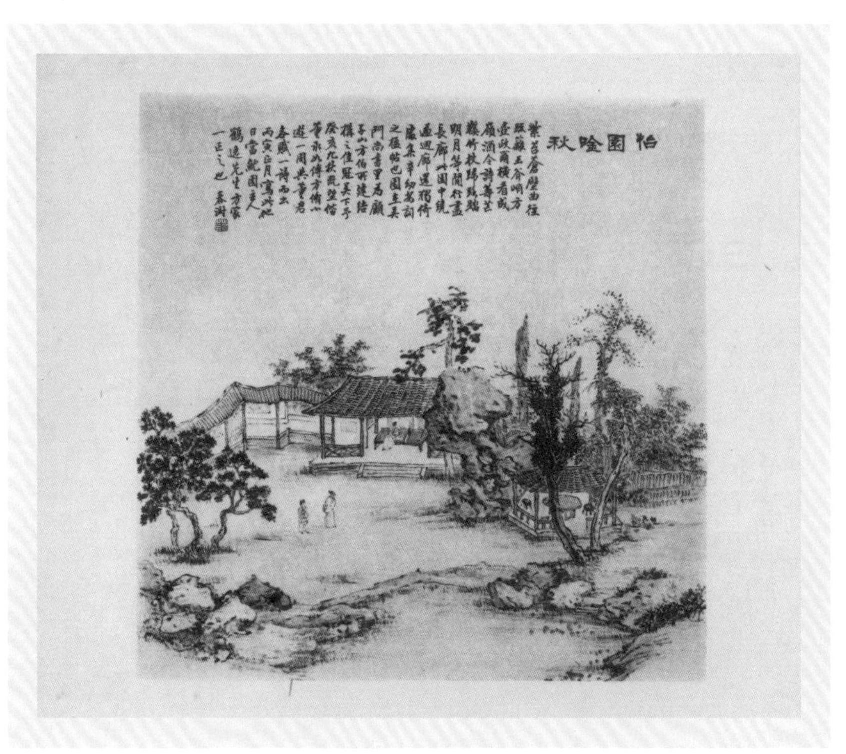

苏州怡园，1928年《邓青城胜游图咏》（第一辑）

的，无外乎山、水、路、石、屋、树；其次，中国山水画的“经营位置”与山水园林的构图章法也是相通的，二者都注重布局上的疏密、节奏、置陈布势、色彩运用，强调体现作品的意境。而园林假山的设计、堆叠，更是直接取法于山水画的章法，如山峰的聚散、起伏、层次、避让等。优秀的山水画，就如同是园林设计的效果图，有异曲同工之妙。明代著名造园叠山匠人计成说：“画家以笔墨为丘壑，掇山以土石为皴擦。”[1]生动地说明了山水画与山水园林的关系。造园者如果擅长绘画，对于美的感觉就更为敏感，同时也会将绘画中的疏密、节奏、构图、色彩、对比等手法自觉地融入设计中。唐宋以来文人造园的优势就在于此，从唐代的王维，到北宋的赵佶，元代的倪瓒，再到明代的文徵明，清代的石涛……历代造园的高手几乎都精通绘画，或者本身就是画家，现代善于绘画的造园家则有周瘦鹃、汪星伯、陈从周、孙筱祥等前辈。

二、“三远”

“三远”是中国山水画中表现山岳透视的画法，为北宋的郭熙首创，他在《林泉高致》中言：“山有三远，自山下而仰山巅，谓之高远；自山前而窥山后，谓之深远；自近山而望远山，谓之平远。”[2]后宋代韩拙在《山水纯全集》中又增加了三远：“郭氏曰山有三远，自山下而仰山上，背后有淡山者，谓之高远；自山前而窥山后者，谓之深远；自近山边低坦之山谓之平远。愚又论三远者近岸广水旷阔遥山者，谓之阔远；有烟雾瞑漠野水隔而仿佛不见者，谓之迷远；景物至绝而微茫缥缈者，谓之幽远。”[3]

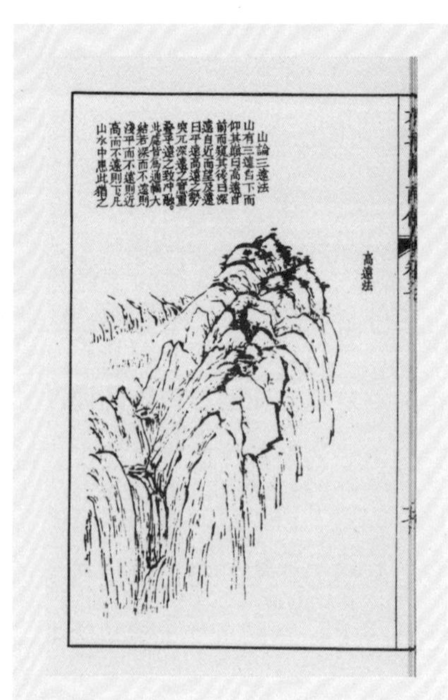

高远，《芥子园画传》

郭熙的“三远”理论，其实是绘画透视关系的一种表达，它将造型复杂的自然山岳，简化为几种典型的形式类别，使叠山的意境表达更为简单、明确。比如以“高远”法叠山，其造型宜表现挺拔险绝之势，具体手法要用“斧劈皴”“马牙皴”之类，假山解理要以竖纹为主。山石韩公司施工的北京大兴野生动物园大门对景山，就是国画中的高远之法，假山采用GRC材料，以“斧劈皴”手法拼装组合，用

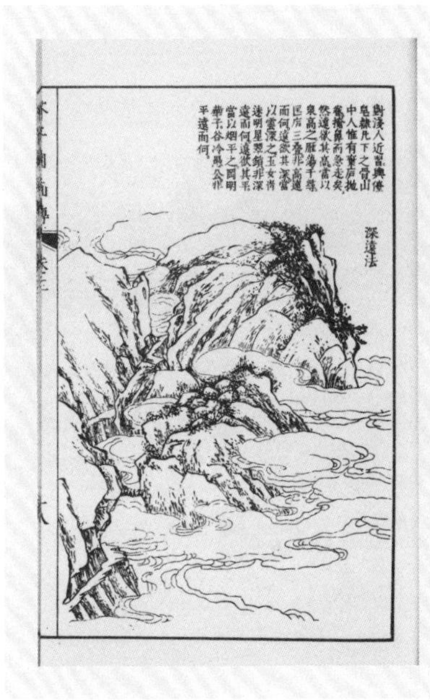

▍深远，《芥子园画传》

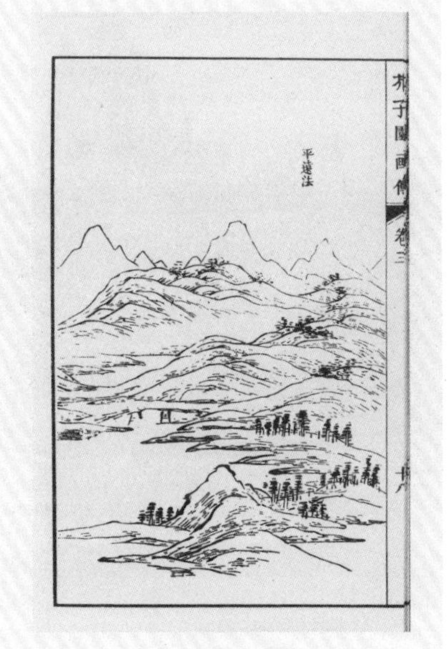

▍平远，《芥子园画传》

垂直竖纹表现壁立千仞的黄山意境，取得了很好的效果。以“平远”法叠山，则要表现远山舒缓宽阔的感觉，堆叠手法宜用“折带皴”“披麻皴”之类，假山解理要以横纹为主。平远假山以北京山水文园土山点石为代表，假山以横纹堆叠，不求山势高峻，而求平缓舒展，以表现咫尺千里、层峦不尽之意。深远假山以钓鱼台国宾馆东门障景山为代表，假山造型为两山夹一涧，涧谷狭长，曲折迂回，两侧山石林立，给人以层次深远、如入深山的感觉。

假山是在有限的空间中表现山岳景观，这就要求我们必须以小观大、以少代多。山石韩在叠山之中，常用到韩拙的“迷远”之法。“迷远”其实就是一种错觉。比如，在表现山泉水源时，常将水源头隐于山后，使游人看不到源头，以表现其无尽之意，上海的豫园水道隐于花墙

北京大兴野生动物园 GRC 假山

北京山水文园

之外，是为实例；在堆叠假山山洞时，常设多条路径，以“明处不通暗处通”的手法，使人产生山洞复杂多变的联想。北京的团结湖公园假山山洞、苏州的怡园假山山洞，都采用了这种做法。将“三远”理论引入叠山，更容易表达假山的意境，使叠山的意境更为明确。

三、注重假山“三影”的运用

所谓三影，就是“剪影”“阴影”“倒影”，光影是体现物体形的关键。立体感主要依赖光影的对比来体现，如果没有光影明暗的变化，假山在视觉上就没有凹凸进出，山体表面看起来就会平淡无奇。

（一）剪影

空间造型是以轮廓来界定的，轮廓将造型简化到极致。假山的“剪影”其实就是山体的轮廓线。山体的形状就是用轮廓线勾勒出来的。假山造型中最重要的是轮廓，然后是层次，最后是纹理和颜色。哪怕只剩下一个剪影，我们仍然可以看出假山的高低、大小、开合，而如果没有轮廓，造型便无从谈起。

山石韩在叠山过程中，非常注重轮廓线的构成，而且轮廓不仅是指正面而言，还要观察假山侧面、背面、局部等多角度的轮廓，使游人从每一个方向都能欣赏到完美的假山。所以山石韩在叠山接近完成时，往往还要反复推敲山体的轮廓，耐心细致地增增减减，直到山形令人满意为止。

（二）阴影

假山的体积感和层次感，往往要靠“阴影”来表达。阳光可以使假山的受光面与背光面形成明暗对比，一天当中光线角度和强弱的变化，使假山产生丰富的光影变化。阴影有夸张体积的作用。因此，堆叠阳面假山，凹凸不宜过大，否则易显杂乱，也不宜选用颜色过白的山石，以免在阳光的直射下刺眼。浅色山石宜置于内庭、树下、室内等背阴的地

方，以使色调的明暗达到平衡。堆叠阴面假山，则要加强进出。堆叠凹入的部分时，要选用颜色较深的山石，来加强阴影的深度；堆叠凸出部分时，又常选用较浅颜色的山石，以夸张隆起的部位，增加立体感。瀑布在山石的阴影中，可以增加瀑布和山石的明暗反差，使之更加醒目，这也是明暗对比。

（三）倒影

在造园中，“倒影”会增加景物的美感，具有一种浪漫、梦幻的氛围。山石韩认为，“倒影”是不可忽视的造景手段。假山在园林中并非孤立的石景，而是与建筑、绿化、水景有机配合，“倒影”有扩展空间、叠加景物、增加高度、丰富趣味的作用，是景观整体中的一部分。因此山石韩在堆叠临水假山时，尽可能地贴近水际岸边，假山植物也多种在迎水面，以增加“倒影”面积，有时为了加强池水的倒影效果，还要在池底散置黑色卵石。在种植水生花卉如荷、莲时，也要控制其在池水中的栽种范围，以留出假山在水中的倒影面积。

北京香山饭店山石倒影

苏州网师园水中的倒影

四、因地制宜、就近取材

（一）因地制宜

传统叠山，多建在围合、封闭的小环境中，假山近观效果较佳，如果放到开敞的环境中远观则显琐碎，这种情况在湖石假山中尤为明显。江南的黄石虽与太湖石在形状上有所区别，但在叠山原理上也借鉴了太湖石假山，有一些黄石假山转折巧搭，人工味道过重。现代园林多为开放空间，占地面积和山石体量也大很多，直接照搬江南黄石假山的堆叠方法并不适用。山石韩根据当今的园林景观需要和审美取向，因地制宜，合理安排，小环境仍以玲珑精致取胜，大环境则以大转折、大块面、大起伏为层次，不做过多细小的变化，并配植以适当比例的植物，追求简单、朴实的写实风格，全方位地再现自然的真山实景，如奥林匹克森林公园林泉高致、北京园博园锦绣谷大假山等。

（二）就近取材

民国以前叠山基本只用两种山石——太湖石或黄石，叠山理论也是以这两种山石为前提而产生的，长期以来形成了叠山的一种套路和模式，山匠多是承袭祖法、墨守成规，限制了假山理论和技法的创新和发展。江南造园的繁荣，从某种程度上说是近水楼台先得月，靠近太湖石和黄石的出产地，其他地区不出产这两种山石，便少有假山，或者只能异地购进太湖石、黄石，无疑加大了造园的成本，限制了园林的发展。山石韩在对自然山岳进行深入研究后，认为叠山不应被石种所限，任何自然山石，只要风化充分、没有破损，都可以用来叠山，但是必须要对岩性山理有所了解，把握特点、依形而为，有时反而令人耳目一新，成为佳作。山石韩在修复避暑山庄时，选用了承德山中的青石；堆叠钓鱼

北京昌平下庄的“燕山石”

台国宾馆正门障景山，使用了北京昌平下庄的“燕山石”；堆叠北京市会议中心假山溪流，使用了北京门头沟鲁家滩的“鱼鳞石”；堆叠北京山水文园路边点石，使用了北京密云的花岗岩球石。这些山石以前从没有人用过，但经过山石韩的艺术创作，都取得了良好的效果，得到业内专家和游人的普遍认可。

第二节

创新与发展

一、理念创新

第一，追求自然之境。园林假山的设计与造型，必须具有典型性和概括性，虽然灵感来源于自然山岳，但要用艺术的语言来再现山岳景观，艺术上的真实并不等同于现实，而是有选择的现实，或者说是美化和夸张的现实。自然山岳中确实存在笔架山、方形山、馒头山，但如果把园林假山叠成这种形状，由于假山尺度远不能与真山相提并论，气势上相差很多，尽管造型真实却并不美观，因为这不是人们心中所向往的山。横纹假山，可参照沉积岩的水平纹理特征，表现出不同的层理结构；在实际的创意堆叠中，竖纹假山，则宜借鉴张家界的砂岩峰林地貌，山脚要有适当的堆积坡，河道驳岸应该遵循岩石体积守恒现象，大型假山更当如此。

第二，善于平面变化。由于施工方法和场地的限制，园林假山不可能无限增加高度，造型上由于安全的原因，也不可能随心所欲，因此假山在高度和造型上的发挥余地是有限的。为了使假山的变化更为丰富，更加有趣味，可以多在平面布局上做文章。小桥流水、石矶码头、曲岸回沙、跳置散点，进出的山脚、蜿蜒的山道，都可以丰富假山的平面，从而弥补立面造型上的不足。

第三，关于假山象形的问题，不要刻意追求，除非在立意上有特别的目的，或者在山形上有特殊的要求，比如动物园、生肖石之类，否则不必模仿动物形象。象形石运用不好，容易喧宾夺主，破坏假山的自然之趣。

第四，假山创意要有针对性，现代公园与古典园林的造园目的是不同的。现代公园具有公共性，是需要游人深度参与的，尤其是具有游乐性质的游赏山，一定要有视觉冲击力，可以夸张、可以热闹，应该允许游人爬山钻洞，戏水攀岩，以突出娱乐性，所以现代公园中的假山重在一个“游”字；古典园林多是私家园林，或是皇家园林，从前并不对公众开放，所以假山则要服从主题意境的表达。禅意园要静，文人园要雅，画家园要奇，诗人园要逸，这类园林假山重在一个“赏”字。

第五，山石韩认为优秀的假山作品应具备以下5个特点：

1.“幽”，就是幽静、幽深，要婉转含蓄，“犹抱琵琶半遮面”，不能一眼到底，一览无余。

2.“净”，叠山要简洁明快、层次分明，造型、勾缝、植物配置均不可拖泥带水、含混不清。

3.“雅”，温和、优雅，景物之间要和谐谦让，造型危而不险，容易亲近，避免张牙舞爪、剑拔弩张。

4.“韵”，要有节奏和韵律感，造型上要符合“起承转合”的传统美学规律。

5.“秀”，是指假山周围溪泉环绕、绿树成荫，在视觉上得以“软化”，不能给人以干枯、燥硬的感觉。

第六，在同一视线内，不同的山石品种不能混搭使用。不同的山石在形态、颜色、纹理上都有较大差异，混合使用容易给人以杂乱无章、眼花缭乱的感觉。有时混搭是为了达到某种特定的景观效果，如扬州个园的四季假山，以4种山石分别表现四季的特征，但这只是特例。有时为了节省山石，假山内部可以填充杂石，或是在基础部分以他石代替，但

前提是不能影响假山的整体视觉效果。

第七，古典园林由于场地狭小，假山多与铺装、道路或院墙相接，有明确的界线，不需要散点过渡，在这些园林中假山就是环境的主景。在现代公园里，假山多在较开阔的环境中，假山周围要以散点石作为过渡，以模糊假山与周边环境的界线，使其更加真实、自然。切不可使假山独立孤置，山石“戛然而止”，违背山岳的构成形态和风化特征。

第八，高楼大厦旁通常不宜设置竖纹假山，这种与大楼比高的做法很不明智。在此类环境中宜采用土山点石，或是山泉跌溪的形式。如果非要叠山，也要采用层崖断壁的横纹风格，切不可以直壁立峰与建筑争高低。

第九，假山堆叠是对自然山岳最直观、具体的主观再现。相比摄影、绘画的固定视角和二维平面性，假山可以让游人从不同的方向、距离、角度环绕观赏。也正是由于这种全方位、多角度的展现，才使假山的堆叠不能有任何的凑合和取巧。一个角度完美并不能使另一个角度精彩，正面雄伟的山峰，在侧面看来可能是添足之笔；侧面丰富的层次，从背后望去可能杂乱无章。所以叠山时要根据游人的观赏路线，从不同角度和距离反复推敲，才能把握假山整体的艺术效果。

第十，注意细节，叠山要在不经意和不易见处下功夫，如水下、瀑口、山背、洞内等。在这些地方偷工减料、敷衍了事，即使大效果说得过去，也会因细节上的粗制滥造而降低品质和假山的艺术性。

二、形式创新

第一，山有水活，水因山幽，水景的处理是假山的一个重要组成部分。在假山形式上有临水山、池山、瀑布山、跌溪山、滚水坝等。水在园林中一般有两种形态——“静”和“动”，静水多指池、潭、湖之水或缓慢的河水，平静如镜，给人以开阔、舒展、安逸的感觉；动水多为瀑布、跌泉、滴泉、溪流，使人感到壮观、欢快、愉悦。

瀑布的落水效果分为片落、分落、散落、线落、纱落、错落、段落、贴落、向落和环落。一般来说瀑布水口不可做成平直一线，水口要有高低错落、聚散分合之态，以打破瀑布如帘的呆板形式。单一水口则要以“分水石”断续破之，避免单调乏味。古典园林或小环境中的瀑布应高大于宽，现代公园或大环境中的瀑布可宽大于高。自然界中的瀑布，由于水流的长期冲蚀，落水面的岩壁成凹陷状，瀑布山堆叠时也要尽量模仿这一特征。在单一瀑布中，如过水面凸出于山体外，不符合瀑布景观的冲蚀原理，显得唐突而不自然。瀑布水帘要有一定的厚度，否则飘忽不定、见风即散或顺壁而下，都与瀑布意境相悖。为了丰富瀑布水景的观赏性，可于瀑布下方落水处安放“鱼背石”，使瀑布入水时浪

北京民族风情园仿九寨沟瀑布

花四溅，击石有声，增加水的生动性，同时也有为池鱼增氧的作用。水源出水口要藏于山背或石缝中，藏则幽远，露则意浅。较大的山溪可做支脉，主次分流，高低错落，缓急各异，方有自然之致。在瀑布主要观赏面，宜设置汀步、石矶、平桥等，便于游人近距离观赏和留影。

瀑布假山还要考虑无水时的立面效果，假山本身首先要有景可观，特别是瀑布落水面，切不可有水为瀑、无水成墙，鱼背石、分水岭、水帘洞都是不错的解决办法。瀑布也可做地下蓄水池，水从山脚石缝直接流入暗池，看不到水面，落水处做铁箅子，上散置卵石。设地下蓄水池的好处，一是节省空间，二是冬季不用防冻，避免干池底的不雅，有水无水皆可观赏。

第二，古人做山石驳岸多是山石满砌，如清代皇家园林中的山石驳岸，由于范围大、用石量多，不太考虑驳岸的艺术性，只注重挡土护坡

北京玉渊潭公园断续式山石驳岸

的实用功能。因此，大多如同砌渠垒坝，这种现象我们从北京的圆明园、恭王府、承德避暑山庄等古代园林中能够看到，笔者认为这些驳岸的堆叠并非造园山匠所为，而是出自普通石匠之手。在江南园林中，驳岸亦多为满砌，这种形式用石量较大，只适合于小环境中，且人工味太重，常被诟病为“捏饺子边”“满口镶牙”，不符合现代审美。对于静水景观，山石韩在借鉴前人经验的基础上，在大的湖岸和河岸采用驳岸点石的断续摆放法，注重水面的宽窄变化和驳岸石的高低起伏，使山石驳岸更加自然，同时也节省了石料，增加了绿化面积。

第三，溪谷，又分水溪和旱溪，大小园林皆宜。小园溪谷多追求幽深的意境，片段性地表现河湾、曲岸、汀步、石桥等这些踱步小景。对于溪水则采用“迷远”手法，隐源匿踪，仿佛流水穿园而过，如苏州的环秀山庄和无锡的寄畅园。大型公园则追求山林野趣，可以较真实地展

北京奥林匹克森林公园溪流跌水

现溪谷景致。如奥林匹克森林公园林泉高致跌水和京西的北宫国家森林公园大瀑布。这类假山通常不是表现“山”，而是表现水和石，叠石手法追求自然写实的风格，使游人仿佛置身于大自然的天然美景之中。在北方一些园林中，由于赏水期短，也可以不用水景，而以大小卵石散置谷底草间，模仿山溪枯水季的景象，别具一格。

第四，点景，也称“理石”“置石”“散点”“跳置”。点景是山石景观中最自然、随意的形式，也是以石造景的最原始形式，常用于树下、坡上、山麓、路口等处。由于散点石往往是单摆浮搁，又需要四面观赏，所以对山石的风化和完整程度要求较高。散点石要深埋浅露、掩土过腰，所谓“腰”是指山石的最宽部位。在平面布局上，宜攒三聚五，疏密结合，高低错落，主次呼应。另外，还要注意散点石植草后的效果，草坪的高度一般为5～10厘米，摆放时要预留出这个高度的余量。

北京奥林匹克森林公园点景石

水中置石矶、码头等小品，可增加水面的趣味性，也使水禽、蛙、龟有所驻足。山石要尽量接近水面，但需特别注意常水位的高度以及低水位的效果。基础和堆叠要确保牢固可靠，防止游人踏翻落水。园路两侧的散点山石，要注意错开距离，避免成为消防通道的障碍，在居住小区的道路点石尤其要注意这个问题。

第五，横纹竖码，是模仿沉积岩的断层、阶梯的层理结构，块面转折给人以稳重、坚实、浑厚的感觉。横纹假山在北京周边多用房山石，江南则多以黄石或千层石堆叠。横纹山不一定低矮和缓、横宽平置，也可如张家界的砂岩地貌，横纹竖峰，高峻挺拔。

苏州宝岛花园 GRC 假山

第六，有文献记载，古人供石立峰，先将供石底部加工成榫头，安装时再将供石插入底座石的榫眼中，这种做法实不可取。供石的价值就在于它的天然性和完整性。即便是嵌入式立峰，也只需按峰石底足的形状，在底座石上凿出随形凹槽，断没有“削足适履”的道理。园林供石一般来说要超过人的高度，低于这个高度不适合室外摆放。最忌讳供石顶端与人站立时的视线同高，因为此高度会使人感觉极不舒服。供石一

苏州留园冠云峰

苏州五峰园中的五峰

般立在园中的路口、门前、桥头、山巅、转角等景观节点或视线焦点处。在形式上可独置、对置、列置、环置，数块并置时应是奇数，偶数则呆板对称，排列上不要等距站队。

苏州怡园的假山山洞

第七，假山山洞要有两个以上的洞口，不仅是为了丰富景观，也是安全的需要。洞内空间要有曲有直，有宽有窄。山洞一般要口小肚大，以符合先收后放的审美原则。山洞还要考虑多方向的采光、通风，由于洞内光线相对较暗，地面要相对平整，不宜设置过多的台阶、汀步等。洞顶虽需高低错落，但要注意不能过低，防止游人碰头。洞壁要有一定的凹凸，但不可有尖棱锐角，以免划伤游人。除此之外还要特别注意洞内的标高和排水，防止雨水汇集。

第八，山脚宜深埋浅露形若抓地，似老松虬根苍古盘曲，土石结合紧密，与山脊一脉贯通，不可露根跷脚，表现轻浮之态。

苏州南园宾馆假山

第九，结顶是假山轮廓塑造的关键，假山的气势主要体现在峰顶。结顶在假山整体结构上还能起到收束、压镇的作用，结顶形式大体可分为独峰、聚峰、分峰、丛峰4种形式。

▍独峰，做法是以一峰为主，配以若干小石，类似国画中的“矾头”[4]

▍聚峰，是以三五峰聚合成峰，但也需有体量和大小上的主次差别

▍分峰，一峰裂开，高度相近，但体量形成大小对比，对比越悬殊，效果越佳

▍丛峰，三组以上的独立峰石，结为峰顶，尽管是丛峰并立，也要有主次高低，聚散顾盼，不能一般大小

三、技法创新

第一，“劣”石先用，选石的要点就是在正确的时间选择正确的石头。由于施工场地和山石开采、运输的限制，叠山时不可能将所用的山石全部运至场内，大多数情况是随进随用，无法预知未到的山石是否好于已到山石的品质，为了保险起见，从叠山之初就要注意发现“专用石”，如结顶石、洞顶石、桥板石、汀步石、台阶石等，此外还要预留一些形纹俱佳的山石以备点睛之用。从大的原则上来说，选石的目的就是在合用的山石中寻找最差的那一块，如此才能随着假山由里及表、自

远而近、从低到高的堆叠，山石用料越用越好，把最好的山石用在最明显的位置和最需要的地方，也就是山峰及外表。

第二，GRC是20世纪70年代末出现的新材料。1968年由英国建筑研究院（B.R.F.）马客达博士研究成功，英国皮金顿兄弟公司（Pilkinean Brother Co）将其商品化。GRC山皮是在天然山石上，用有机硅脱模，然后喷注GRC制成。其特点是重量轻、不燃烧、纹理天然、施工简单、能较好地与水和植物等组合，但相对于自然的山石则密度小，硬度差，缺乏质感和颜色的变化，效果与天然山石相比仍有一定的差距。由于GRC山皮重量轻，适合于屋顶花园等荷载有限的场所造景，也可以做出大的悬挑、危崖式假山，具有一定的使用价值。20世纪末，由北京林业大学毛培琳教授等在国内研制成功，当时国内以GRC山皮做假山尚无经验可循，山石韩首先在北京奇石馆大胆尝试，摸索出一整套拼装和接缝

北京天安门招待所室内 GRC 假山

处理方法，根据GRC材料的特性，总结出以下要点：虽然GRC山皮在造型上比较自由，但也绝不能恣意夸张变形，还是要遵循岩性山理；同一块山皮尽量不在同一视线内重复出现，如需使用也要颠倒方向，避免纹理上的雷同；山皮的拼接、转折尽量不做成直角，防止造型时“钉箱子”“做盒子”，简单、呆板、缺少变化；密纹与粗纹要交替使用，形成疏密、大小的对比；山皮拼接时要尽量接顺纹理，纹理对不上的地方勾缝时要随形接顺。在后来的施工中，山石韩以上述理论作为原则，先后在北京力鸿花园、北京华侨村、苏州宝岛花园、北京大兴野生动物园等项目上进行了充分实践，取得良好的效果，得到业内专家的广泛认可。

第三，古人假山勾缝，一般全部勾掉填平，山石韩通过多年的实践认为，全勾太“闷”，不勾太“乱”，勾缝做得好可以弥补叠山时的毛病，勾缝做得不好反而画蛇添足，影响假山的整体效果。经过多年的实践，笔者认为，原则上竖纹山宜留少许竖缝，横纹山宜留少许横缝。黄石类假山做缝要难于湖石类假山，黄石类假山在镶石过程中，不仅要考虑形状、颜色，还要注意纹理的方向是否一致，勾缝时不仅要平整自然，往往还要接顺两侧石头的纹理。

第四，如果假山堆叠高度超过8米，底层刹石多被压碎，从而导致山体倾斜，严重的甚至会垮塌，常规的办法是向山体缝隙注入水泥加固，但这种方法有3个缺陷：一是凝固时间长，影响施工速度；二是透水性差，不利于岩穴植物的生长；三是将来维修、拆除困难。笔者的经验是将粒径3～5厘米的碎石散粒填充于水平缝中捣实。其抗压能力优于水泥，且不需等待凝固，同时具有良好的排水性和经济性，并且易于假山石将来的二次利用。

第五，在租用吊车的问题上，笔者的经验是宁大勿小，一般要用20～25吨的吊车，大吨位吊车虽然台班费高一些，但力气大、够得远，

北京奥林匹克森林公园堆叠独立峰

在中间一站，山前山后、料场左右都能够得着、吊得动，省去了挪车支腿的时间和麻烦，在堆叠效率上比小吊车更高，相应地也就节省了台班，总的费用并不会比用小吊车贵。另外，由于每块石头都能放到预定的位置，效果也更加理想。对于工人的安排，一台吊车通常需要打垫2人，拴石2人，备垫2人，镶石、勾缝4～6人，人多了非但不能提高效率，还有可能互相影响，甚至手忙脚乱，导致事故。

第三节

亟待保护

一、无石不成园

中国园林也称“山水园林”，自古就有“无石不成园”之说。假山是中国山水园林的精髓，几乎贯穿于中国园林的整个发展过程，在世界三大园林体系中，唯有中国园林取法于自然山水，自成体系、源远流长，并影响了日本、朝鲜、越南等国家，甚至近代的欧洲。他系园林虽然也有模拟山岳、洞穴、岩石的，但都是偶然为之，不成规模和体系。在我们的园林审美中，一个园子的好坏优劣，固然有很多评价标准，但假山无疑是最重要的因素之一。苏州的古园环秀山庄在布局上并无出众之处，现有建筑几乎全是现代新建，却因为戈裕良的湖石假山而闻名遐迩、广受赞誉。陈从周曾评价环秀山庄假山说：“造园者不见此山，如学诗者未见李杜。”足见环秀山庄在园林史上的地位。

假山在形式上有对景山、障景山、水景山，这些山在园林中丰富了园林的空间，一般作为景观的主景，起到了画龙点睛的作用。假山除了能单独观赏，还具有实用功能。

（一）山石小品

1. 花台，即以山石围成的种植池，一般可分为墙边、墙隅、独立3种类型。花台可以增加种植土的厚度，边缘可以当作休息坐凳，虽然用石不多，却有很好的景观效果。在地下水位较高的园林中，花台便于土壤

苏州环秀山庄花台

苏州同里退思园山道

上海松江醉白池湖石桥

排水，利于喜旱植物的成活。

2. 磴道、踏跺（云步、台阶）。兼具实用和观赏双重功能，造型居于规整与随意之间。亭榭前的踏跺在园林中很常见，虽然仅两三级，却可使对称的建筑变得生动活泼。踏跺用石宜平整自然，拼缝不宜居中，也不可重叠，两侧可安放山石“配墩”，起到阶石收头的作用，类似古建台阶的“垂带”，但山石踏跺一般不适合大型或庄严的建筑。磴道基本与踏跺同，只是在较陡处或转折处宜立高石，以起到扶手的作用。

3. 石桥、汀步、步石。以山石叠成石桥是一种趣味，通常用黄石、青石的效果比较好，湖石稍显杂乱。汀

苏州朴园汀步

步古时也称“石杠”“石徛”“步渡”，是山石水景较常见的小品，在旱地则称“步石”。此类小品石不宜均，需大小间隔方显生动。

4. 码头、石矶、礁石。依岸为码头，水中称石矶，山石码头不一定有实用功能，只是作为一种景观形式。石矶可以使水面丰富，也是水禽、龟类的栖息场所。平石称石矶，凸出为礁石。

北京紫竹院公园石矶

5. 山石驳岸。有两种，一种是山石满砌，多用于小池；另一种是山石断续摆放，多用于开阔的河岸或大湖。

6. 护坡石。为土山造型的常用方法，就像山石驳岸可以突出水岸的曲折，山石护坡也可以夸张土山的形状，还可以防止水土流失。

苏州拙政园满砌驳岸

扬州瘦西湖散点驳岸

北京紫竹院公园护坡石

7. 山石基座。用以抬高建筑或是树木、供石、雕塑，既有稳固基础的作用，又可突出主景。

苏州文庙黄石雕塑基座

上海豫园廊下的湖石支撑

8. 山石器用。以石为器的具体形式有石屏、石榻、石盆、石龛、石桌凳、石底座、棋盘石等。山石器用具有自然古朴、坚固耐用的特点，本身又是独具特色的山石小品。

苏州上方山露天石桌凳

扬州瘦西湖“世界文化遗产”标志

9. 石栏杆、石墙。浙江南浔嘉业堂藏书楼前，有以太湖石叠成的水池围栏，但此类做法不宜大面积使用。

浙江南浔嘉业堂湖石栏杆

10. 山石月亮门、山石花窗。杭州文渊阁、扬州个园都有太湖石门洞，广东顺德的清晖园也有以英石做的月亮门，扬州片石山房有以湖石叠成的洞窗壁山。这种做法宜慎用，手法不高多成乱象。

苏州灵岩山寺玩月池

（二）处理缺陷

1. 支撑、加固。对于老建筑、桥梁、危墙、古树名木的加固保护，

北京大学湖石支撑

用山石做支撑也是一个坚固、美观、不露破绽的好办法，扬州个园、济南趵突泉、青州偶园都有以山石支撑树木的实例。

2. 障景、阻挡。山石障景的作用是欲露先藏、先抑后扬，引起游人的好奇和兴趣，同时又起到分割空间、增加层次的作用。现代园林中还常以山石限制车辆的驶入。

北京西山国家森林公园大门障景

3. 镶隅、抱角。自然山水中，本无高大墙壁，为破其呆板之状，可以山石、植物掩盖。江南园林很善于挖掘空间潜力，边角墙隅、夹道天井都可以发挥景观价值。在传统审美上，山水园林崇尚自然曲线，不喜欢直线死角，常以山石、花木破之，既弥补了缺陷，又增加了观赏景致，可谓一举两得。

▍苏州狮子林镶隅假山

▍苏州留园亭子山石抱角

4. 作为过渡。古典园林中山石不但可以作为桥板、桥墩，桥与岸的交接也常以山石过渡，使园林中两个构筑物在假山的过渡中达到和谐。

5. 处理高差。比如两座建筑之间的高差处理，以山石连接过渡，既自然美观又不露破绽。江南园林中爬山廊的基础，也常常以山石掩饰高低不同的落差。如南京瞻园和苏州沧浪亭中的爬山廊。

6. 断墙收头。园墙砌到河边无法收头，以山石结束是最好的方法。北京恭王府、上海豫园、苏州耦园都有以山石处理断墙的实例。水池规整的砌石驳岸，也可用自然山石进行收头处理。

上海豫园廊轩之间的假山

北京北滨河公园高差处理

北京恭王府的断墙收头

（三）以石为主题

1. 以石为园，如“奇石园”“万石园”“石林”等。古生物化石、硅化木尤其适于地质公园、学校及科普场所。

云南石林

安徽西递石林

2. 以石为名，如曲阜的铁山园、苏州的五峰园、扬州的片石山房、佛山的十二石斋等。

曲阜孔府的铁山园

苏州五峰园

3. 以石为景，在名胜古迹中数不胜数，仅“试剑石”就不下10余处，如苏州虎丘、太湖马迹山、昆山玉峰山、桂林伏波山、连云港石棚山、浙江的千岛湖都有“试剑石”，此外“一线天”“飞来峰”也是

南京瞻园东坡雪浪石

苏州文庙的廉石

常见之景。园林中则以“典故石”居多，如苏州文庙的“廉石”、虎丘的“点头石”、大禹墓的“窆石”、绍兴沈园的“断云”、南浔嘉业藏书楼的“啸石”等。

杭州灵隐寺中的“佛掌峰”

4. 图腾石。“辟邪石”“许愿石”都属于图腾石的一种，在名胜园林中往往具有某种民俗和神话传说的特征，能唤起人们心灵深处的共鸣，成为一种有趣的景观，如天坛的“七星石”、北京胡同中的“石敢当”、泉州新门外新石器时代的图腾“石笋”等。

5. 摩崖石、书条石。摩崖石多在自然名胜中，中国名山无一例外的

杭州湖宝石山寿星石

都有摩崖石刻，如泰山、黄山、虎丘、普陀山等，这也是其之所以成为名山的原因之一。书条石多在园林中，将雕刻有书法、绘画的石块镶嵌在廊壁之上，时常观赏琢磨是古代文人的一种雅好。

“此是桃源”书条石

苏州灵岩山

6. 点题石、标志石、说明石、劝诫石、纪念石。在古典园林中，许多场景都放置有点题的供石，就像是一处美景的标题，如杭州西湖的“龙井问茶”、扬州卷石洞天的“听琴”、山西榆次常家大院的“杏林”。

苏州虎丘标志石

苏州第十中学内的标志石

随着中国国力的强盛和人民生活水平的提高，假山在美化环境、改善居住条件方面发挥着越来越重要的作用。另外，中国园林迎来了发展、推广，以及传播中国造园文化的美好前景，从1980年苏州园林管理处为美国建造“明轩”开始，中国园林已在日本、德国、加拿大、澳大利亚等多个国家开花结果，不但取得了经济上的收益，更是弘扬了中国的造园艺术，是中国文化走向世界的重要组成部分。

二、现状

假山虽然在我国有悠久的历史，而且誉满天下，但在近代，所谓“南韩北张”的山子张一脉已经失传，叠山匠人或是由于战乱没有生计改行或是技艺失传，目前真正掌握叠山理论和技艺的匠人已属凤毛麟角。叠山之业历史上就是一个极小众的行业，明清两朝也不过数人而已，这是因为需要假山的不是帝王将相就是官宦富商，不是大众的广泛需求。相对于园林建筑和植物造景，叠山仍属于冷门偏行，目前愿意学习叠山并以此为业的人屈指可数。究其原因，一是学之不易，二是实践机会少，三是室外工作太辛苦。现有的一些叠山之人，文化素质、欣赏水平不高。在这些人的参与下，假山谈不上艺术性，更谈不上山水意境，甚至还出现过人命事故，既浪费了自然资源，又污染了视觉环境，还留下了安全隐患。市面上充斥着大量胡堆乱砌的假山，或如垒墙，或如石料场，刀山剑树，乱堆煤渣，这些假山的堆叠，缺乏章法，没有画理，又不符合自然山岳的岩性解理，实为中国造园叠山技艺的倒退。

2011年4月30日，第三届苏州市民间工艺家颁奖大会在苏州举行，被授予“苏州市民间工艺家”称号的民间匠人有107位，其中50%以上超过了60岁。不少技艺出现了青黄不接的状况。当时山石韩第三代传人韩良源已经84岁高龄，但他仍然在第一线从事造园叠山。提起造园叠山的传承，老人家感慨道：“我干这行已经有70年了，参与建造了近300座假山，我很喜欢这个工作，会一直做下去……如今有志从事叠石造园的年轻人越来越少。”其子韩啸东也说：“建造假山比做建筑工还苦，不仅每块石头的堆砌要亲力亲为，设计也非常耗时间，而且入行时收入不高，现在很多年轻人都缺乏吃苦耐劳的精神，这门技术的传承有一定难度。”目前，山石韩第三代传人韩良源、韩良顺，已于2019年和2020年相继去世，第四代传人韩雪萍兄妹也已五六十岁，都到了退休的年龄，山石韩叠山技艺亟须抢救、整理和规范性地继承下去。随着老一辈叠山匠人的渐渐远去，具有中国山水画意境的假山，这个区别于他系园林的标志，正在面临变味甚至失传的危险。

三、保护

假山堆叠的技艺和众多中国的其他艺术如武术、中医、书法、水墨画、围棋等一样，往往感性的因素较多，有一些甚至“只能意会不可言传”，或者很难言传，比如中国象棋，马走日象走田，规则简单，入门容易，学起来很快，但要想提高则很困难，除了要求有高师的指点和个人的努力，还要通过实践悟出其中的哲理、体会其中的深意。假山之难就在于太“活”，没有也不可能有一个统一的评判标准，有的风格险峻，有的造型舒缓，有的重山复岭，有的平冈小坂，具体又有池山、壁山、亭山、瀑布山、影壁山、山溪、跌泉……局部手法又有高低、大小、深浅、层次、进出、纹理、颜色等，都要根据环境和意境的不同而加以变化。这就要求叠山人必须依据风格的不同，根据现场的山石材料凭直觉迅速确定摆放位置，尤其是现在的项目往往工期紧迫，场地、人员、吊车等成本较高，不允许叠山人在叠山施工现场反复琢磨，试来试去。因此，叠山人必须具有一定的绘画功底和较高的审美素养，此外也要掌握与植物的搭配，与建筑、环境的和谐，还要懂得一些力学原理和土建的施工技术。凡此种种，不通过刻苦的学习、实践，努力的体会、

感悟，不可能达到“虽由人作，宛自天开”的效果。

山石韩经过4代人的努力，抢救和复建了一批重要历史古迹和叠山名作，为古典园林假山的保存、保护做出了一定的贡献。如拙政园的反底划龙船、网师园殿春簃中的冷泉、北海公园静心斋的龟蛇斗法等。另外，山石韩在施工中善于发现新石种，如：在济南堆叠趵突泉大门障景山时发现了济南仲宫石，修复承德避暑山庄假山时寻找到了承德青石，到了北京之后发现了北京房山石、燕山石、鲁家滩鱼鳞石等。这些新石种的发现，不单增加了假山石的品种，也丰富了假山堆叠的手法，同时又使假山景观具有地域性的特征。

1976年，韩良顺修复承德避暑山庄假山时，山庄领导挑选了10名年轻人跟随韩良顺学习叠山，最终贾俊明、陈继福、孟宪义3人学成，后来避暑山庄的文园狮子林假山就是由他们堆叠完成的。陈继福后来改行

山石韩第三代传人韩良顺修复的苏州耦园黄石假山

从事古建筑研究工作，曾任承德文物局古建研究所主任，写有《承德假山》一文。

1977年，韩良顺为苏州园林系统讲解叠山，为苏州园林局培养了一批叠山技术骨干，为后来苏州园林的全面修复打下了人才基础。

1979年，韩良顺受北京园林局之邀请，为北京园林系统讲课3天，主要内容为叠山技艺和盆景创作，受到园林系统的一致好评。

1998年，为了继承叠山技艺，韩良顺小女、山石韩第四代传人韩雪萍继承祖业，创办了北京山石韩风景园林工程有限公司，已完成假山项目近百个。

2007年，山石韩第四代传人韩建中，应邀为北京市园林局讲解叠山安全。

2008年，山石韩第四代传人韩建中，编写了《园林假山艺术和假山安全》培训材料。

2010年，山石韩第三代传人韩良顺，集一生叠山经验著《山石韩叠山技艺》。

2012年，“山石韩叠山技艺”被列入北京市海淀区“非物质文化遗产保护名录”。

2014年，“山石韩叠山技艺”被列入北京市“非物质文化遗产保护名录”。

2014年，北京山石韩风景园林工程有限公司的冷雪峰出版了假山理论专著《假山解析》。

2014年，山石韩第四代传人韩雪萍应邀为清华大学环境艺术设计系学生讲解造园叠山。

2014年，山石韩第四代传人韩建伟出版了作品集《山鉴》。

2016年，山石韩第四代传人韩建伟出版了假山理论《山水经》一书。

2017年，山石韩第四代传人韩雪萍应邀为北京林业大学研究生讲解园林假山。

北京晨报 2014年12月2日 星期二　C07 会客厅

"山石韩"起自苏州

叠山崇尚国画意境

歪打正着的"秃尾巴龙"

一辈比一辈传承难

山石韩

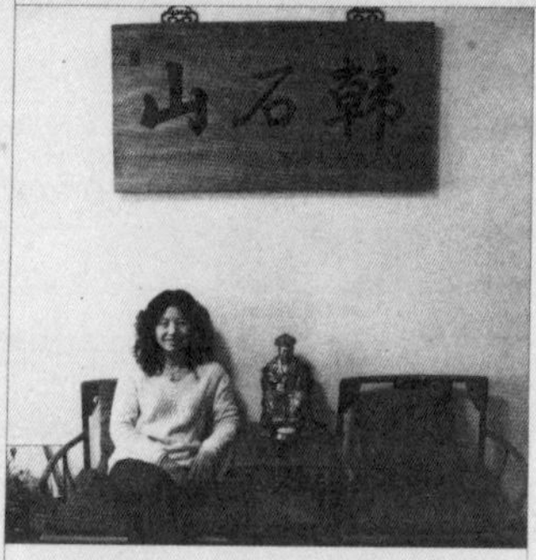

姓名：韩雪萍
出生年月：1964年2月
职业："山石韩"叠山技艺第四代传承人，北京山石韩风景园林有限公司董事长兼总经理。

叠山人韩雪萍

"现在奇石博物馆很多，我希望在未来自己能做一个假山博物馆，观众可以走入其中，直接参与。假山在中国园林中是点睛之笔，正所谓'无石不成园'。我已经做了完整的假山博物馆方案，但苦于一直没有场地可以实现。"

晨报记者　何安安

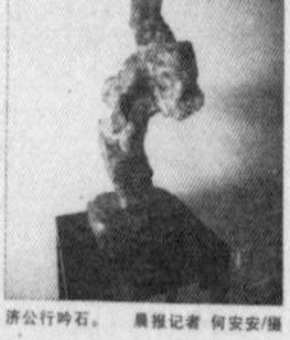

济公行吟石。　晨报记者　何安安/摄

▍《叠山人韩雪萍》，《北京晨报》2014年12月2日

韩雪萍为北京林业大学学生讲解园林假山

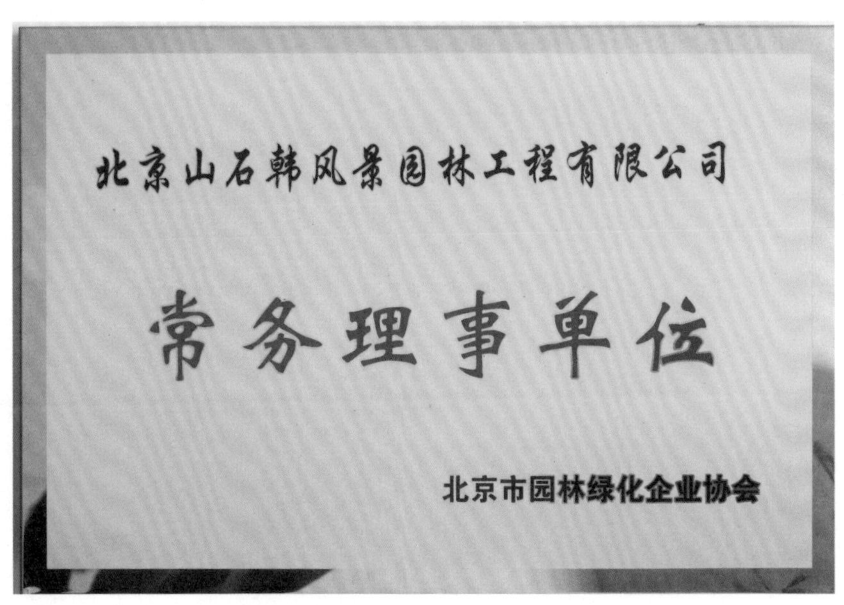

北京山石韩风景园林工程有限公司，现为北京市绿化企业协会常务理事单位

注释：

[1] [明]计成著，陈植注释：《园冶》，中国建筑工业出版社1988年版。

[2] [宋]郭熙：《林泉高致》，美术丛书，第二册，江苏古籍出版社1997年版。

[3] [宋]韩拙：《山水纯全集》，美术丛书，第二册，江苏古籍出版社1997年版。

[4] [元]黄公望：《写山水诀》，人民美术出版社1959年版。所谓“矾头”，元代画家黄公望的解释是：“山上有石，小块堆在上，谓之矾头。”

第六章

山石韩造园叠山作品赏析

▎近园堆叠峰

一、常州近园（1955年修复）

项目名称：近园

项目地点：江苏常州

项目性质：修复

项目内容：庭院假山、山洞、水系山石驳岸

项目面积：5000平方米

假山材料：江苏太湖石

假山吨位：1500吨

叠山作者：韩良顺

近园，又名“东园”“复园”“静园”“恽家花园”，纵80米、横64米，位于常州长生巷，原为明末陕西布政使恽厥初别业，时称“东园”。园成于康熙十一年（1672年），北有西野草堂三楹，用以宴客；南有见一亭，亭前叠山，后筑小台，植牡丹数种，另有药栏乘兴、天香阁、安乐窝、得月轩、秋爽亭、鉴湖一曲、虚舟、容膝居、三梧亭、垂纶洞、菊圃、四松轩、欲语阁诸胜。时书画家王石谷、恽南田、笪重光等常到此雅聚，王石谷作《近园图》，笪重光题跋，现题记残碑仍存园中。至民国，近园经几位主人不断扩建，拥有附属院落23个，规模宏伟、建制完备，为常州著名园林府邸。

近园修复因当时条件所限，没有机械起重，全靠人拉肩扛，施工之艰辛可想而知，因此近园用石，如今看来普遍偏小，但假山堆叠形式多样、拼接自然，园内湖驳岸用太湖石堆叠，假山石缝尚存灰沙，树根与山石咬合紧密，足见年代之久远。园东南容膝居前假山修复前损毁严重，以国画“骷髅皴”风格重新堆叠，假山上为平台，下为山洞，为古代叠山的传统做法，修复后基本保持了清代的原貌。20世纪80年代，陈从周曾到近园考察，后撰文言“常州近园，映水一山，崖道、洞壑、石蹬楚楚有致。”认为其具明末风格，颇有大家手笔。1982年，近园被列为“江苏省文物保护单位”；2013年被列为“全国重点文物保护单位”。

汇通祠山洞

二、北京什刹海汇通祠（郭守敬纪念馆）（1988年）

项目名称：汇通祠

项目地点：北京西城区什刹海西北

项目性质：复建

项目内容：园林假山、山道、山洞等

项目面积：11000平方米

假山材料：京西圣水峪房山石

假山吨位：5000余吨

叠山作者：韩良玉

汇通祠位于北京西城区什刹海西北角，为明永乐年间姚广孝建，始称“法华寺”，因庙内供奉镇水观音，又称为“镇水观音庵”。清乾隆二十六年（1761年）寺庙重修，乾隆皇帝赐名“汇通祠”，并立汇通祠碑，碑高2.43米，因碑形酷似剑柄，故又称为“剑碑”。碑阳为乾隆皇帝《汇通祠诗》，碑阴为《积水潭即景诗三绝句》，传说碑下原为水闸，昔日“水势凶猛，响若海潮”，乾隆皇帝立剑碑以镇水。汇通祠后山原有一尊天然陨石，高6尺5寸，下承石雕须弥座，上有天然鸡、狮图案，因又称为“鸡狮石”。

1976年，北京修二环路地铁，汇通祠被拆除。1984年9月，地铁建成，西城区政府委托清华大学吴良镛教授重新设计汇通祠。新建三层仿古建筑立于地铁顶板之上，顶层原汇通祠改为郭守敬纪念馆。山石景观主要有山道、山洞、山门、峰岭、驳岸、石矶等元素，重峦叠嶂，此起彼伏，悬崖峭壁，如浪腾空，询园林假山之大观。为了与驳岸山石的水平纹理相呼应，山上叠石仍全部采取横纹手法，使之上下风格一致、前后浑然一体。由于汇通祠基座堆土高达9米，叠山的另一功能是挡土护坡，防止水土流失，以利绿化种植。此外，假山还有处理缺陷、遮丑彰美的作用，如建筑窗井的视线阻隔、设备入口的伪装遮挡等。

玉渊潭拱桥的山石抱角

三、玉渊潭樱花园（1990年）

项目名称：樱花园

项目地点：北京海淀区玉渊潭公园内

项目性质：新建

项目内容：水系山石驳岸、挡土护坡、置石散点

项目面积：25万平方米

假山材料：房山水冲石

假山吨位：约2000吨

叠山作者：韩良源、韩良玉

玉渊潭公园位于北京海淀区南部，历史上曾被称为“金章宗钓鱼古台”，元代始称“玉渊潭”，明代玉渊潭一带私家造园盛行。到了清乾隆年间，玉渊潭周边被划为皇家御用之地，兴建了养源斋为首的十几处行宫。中华人民共和国成立后，玉渊潭东部及养源斋辟为钓鱼台国宾馆，玉渊潭成为开放式公园，由于位于军事博物馆北侧，因而也称“八一湖”。1972年中日邦交正常化，日本首相田中角荣访华，送给中国1000株大山樱，1973年3月7日，永定河引水管理处将其中的180株栽种于玉渊潭西湖北岸的北山脚下，形成了占地1740平方米的樱花种植地，这就是“樱花园”的雏形。

1990年，为迎接第十一届亚运会在北京召开、美化城市环境，由市政府协调投资，对樱花园的景观进行整体提升。为了增加景区地形的起伏变化，利用当时天坛土山搬迁、地铁施工余土，堆出缓坡土山，再于山坡湖岸堆叠山石、种植树木，丰富景观。山石采用国画“折带皴”风格，由于地形较为开阔，不宜做过高的大型假山。主要山石景观为散点驳岸、码头石矶，又于土山麓堆叠山石，挡土护坡，草坪则以散点石为主，模仿国画“攒三聚五”的布局方法。现樱花园占地25公顷，种植樱花3000多株，各种乔灌木7万余株（丛），建成了樱棠春晓、松风夕照、樱洲秋水、云溪深处、柳桥映月、秋林小筑6个新景点，目前是华北地区最大的樱花观赏区之一，形成了玉渊潭公园的一大特色。

修复后的圆明园水系驳岸

四、圆明园（2003年）

项目名称：圆明园

项目地点：北京海淀区

项目性质：修复

项目内容：修复水系山石驳岸

项目面积：约15000延长米

假山材料：青云片、房山山皮石

假山吨位：房山山皮石，约1800吨；GRC，约5万平方米

叠山作者：韩建伟、韩雪萍

圆明园的建造，自康熙四十六年（1707年）到咸丰十年（1860年），长达150年，清代曾有5位皇帝在此理政、居住，咸丰十年（1860年）遭到英法联军的焚掠，光绪二十六年（1900年）八国联军侵入北京，圆明园再次遭到破坏。2000年9月，国家文物局正式批复，原则同意《圆明园遗址公园规划》，“整体恢复园内山形水系，逐步调整植被、整修驳岸”。假山采用原有青云片山石和部分房山石。

2003年，山石韩第三代传人韩良顺，被聘为圆明园整治保护顾问，为了恢复圆明园的山形水系，韩良顺查阅资料、实地勘查，提出了有关山石修复的建议。其后，园西部河道驳岸的修复正式展开，由山石韩第四代传人承揽施工。圆明园山石驳岸采用的是颐和园后红山口的青云片。山石韩进场施工时，河道大多已被填埋，许多山石塌入河中，之后又被泥土覆盖。原石下有直径10厘米左右的柏木桩，保存较好的河道驳岸，挖出后尚见柏木基础。为了使山石驳岸更为坚固长久，施工时山石韩以水泥毛石替代了柏木桩基础。圆明园山石驳岸属于古代景观文物，具有古代驳岸叠石的典型特征。古代皇家园林中的山石驳岸，由于范围大、用石量多，不太考虑驳岸的艺术性，只注重挡土护坡的实用功能。考虑到圆明园驳岸的文物性质，山石韩参照原有驳岸的叠石风格，本着修旧如故的原则进行施工，在造型上不以现代审美标准为依据，不做

大的起伏和进退，尽量恢复其本来面目。由于有些河段的驳岸石早年已被盗走，修复时青云片又无处可寻，故新购进部分房山石作为补充，与旧园风格不甚协调，是为遗憾。

国家大剧院 GRC 假山

五、中国国家大剧院（2006年）

项目名称：中国国家大剧院GRC假山

项目地点：北京西城区

项目性质：新建

项目内容：壁山

项目面积：11.89万平方米

假山材料：GRC山皮

假山吨位：约2000平方米

叠山作者：韩雪萍

中国国家大剧院，位于北京市天安门广场人民大会堂西侧，是中国表演艺术的最高殿堂。由法国建筑师保罗·安德鲁主持设计。大剧院占地11.89万平方米，总建筑面积约16.5万平方米，其中主体建筑10.5万平方米，地下附属设施6万平方米。设有歌剧院、音乐厅、戏剧场以及艺术展厅、艺术交流中心、咖啡厅、西餐厅、音像商店等配套设施。假山采用GRC制作，由山石韩第四代传人韩雪萍施工。

大剧院的假山景观，为下沉广场餐厅的对景，设计在阶梯状的下沉墙壁上，由于山石韩进场时，大剧院的建筑施工已接近尾声，周边道路正在施工，环境绿化也基本完成，如果堆叠天然石假山，势必会对已竣工的道路、绿化等项目造成破坏。另外在假山的位置下面，也未预先做承载天然石假山的基础，经过与设计、建设方的反复沟通，最终达成一致意见，选择GRC山皮拼装假山。大剧院假山依附在5层台阶上，台阶每层高度大约2米，为了与下沉台阶的横向线条相统一，山石韩采取横纹风格拼接GRC山皮，山皮材料由山石韩风景园林工程有限公司生产，在现场造型时进行了大块面分割组合，尽可能在有限的进深中做出层次，以求简洁明快的效果，与建筑整体风格相协调。GRC假山拼装完成后，建设方请中方设计和安德鲁先生到现场验收，工程得到专家们的一致认可，达到了预期的设计效果。

奥林匹克森林公园天境

六、奥林匹克森林公园（2006年）

项目名称：奥林匹克森林公园天境

项目地点：北京朝阳区奥林匹克森林公园内

项目性质：新建

项目内容：置石、挡土护坡

项目面积：680万平方米

假山材料：山东泰山石、房山山皮石

假山吨位：约1000吨

叠山作者：韩建中

奥林匹克森林公园，为2008年北京奥运会的配套项目，公园内仰山天境的假山供石项目由山石韩堆叠，其中山顶和公园大门的巨石决定用泰山石，由韩建中和设计、监理共同前往泰山当地选得。

走进奥林匹克森林公园大门，迎面两块巨大的泰山石巍峨耸立，东侧巨石横卧如虎，石纹斑斓，依稀有天龙腾跃；西侧巨石纹理如凤，似欲展翅高飞，有四神玄武之意。仰山主峰高48米，比景山高出5米，为园内最高峰，仰山天境景区上的景观由3块巨石组成，以山石韩三安之法安排，高峻壮观、气势雄伟，颇有王者之气，北京中轴线北延就从此穿过，主峰石由大小两块组成，大泰山石重达66吨，3块巨石平面呈三角之势，鼎足而立，具有平稳安定的寓意，石后配植古松作为背景，使山石映衬在苍翠的背景之中，有至泰山绝顶的意境。

▎李叔同纪念馆湖石假山

七、天津李叔同纪念馆（2008年）

项目名称：李叔同故居纪念馆

项目地点：天津河北区粮店街60号

项目性质：新建

项目内容：庭院山洞假山、山石驳岸

项目面积：4000平方米

假山材料：广西太湖石

假山吨位：约1800吨

叠山作者：韩建伟

李叔同故居纪念馆，位于天津河北区粮店街60号，为光绪九年（1883年）其父所购，故居“进士第”匾额由李鸿章题写。院落呈“田”字形，有40多间房舍，传统砖木结构，青灰色的砖墙、朱红色的门窗，占地1400平方米。院内建有游廊和小花园，雕梁画栋交辉，室内陈设精致，环境幽雅宜人。在宅院里有一西式书房，取名“意园”，是李叔同宣统二年（1910年）从日本学成重返故里时修建的，以示一展宏图的意愿。由于年久失修，住户繁杂，失去了本来面貌。

2007年12月，天津市政府开始重建李叔同故居。故居分为园林景观和故居两部分。园林占地面积2600平方米，由太湖石假山、池塘、长亭及弘一大师纪念亭组成。庭院以小池为中心，池西建一小方亭，池东对景为太湖石假山一座，假山主峰高10米，面宽25米，内有山洞与上山云步、栈桥相连，盘环曲折，有扬州个园秋山之气势，园中有供石3尊，假山前供石高6米，雄伟奇绝，不可多得，为北方少有的湖石假山园。2011年12月30日正式向公众开放参观。李叔同故居纪念馆为国家3A级旅游景区和市级爱国主义教育基地。

北京西山国家森林公园假山主瀑布

八、北京西山国家森林公园（2010年）

项目名称：北京西山国家森林公园

项目地点：北京海淀区西郊小西山东麓

项目性质：新建

项目内容：瀑布假山、山石驳岸

项目面积：4000平方米

假山材料：房山山皮石、GRC

假山吨位：房山山皮石，约20000吨；GRC，约5000平方米

叠山作者：韩建伟

北京西山国家森林公园，位于北京西郊小西山东麓，属太行山余脉，公园毗邻北京西五环路，是距离北京市区最近的国家级森林公园。公园前身是北京市西山实验林场。中华人民共和国成立初期，这一带荒山秃岭、人烟稀少、满目疮痍、百废待兴。1952年，北京市开始大规模绿化小西山，经过西山林场职工60年的辛勤造林、养护，形成了今日郁郁葱葱的森林景象。

西山国家森林公园建于2010年，为了强化森林公园的定位、加大可游性，公园设计以假山、植物为景观主题，突出郊野公园的山水景致。公园门区占地60亩。根据设计要求，山石韩在东门放置了一块长12米、高4米的标志石，由3块房山巨石拼接而成，由于在选石时注意颜色、纹理和质感的一致性，标志石拼接后浑然一体，气势恢宏，成为公园大门的显著标志。湖西为瀑布大假山，堆叠在自然山坡之上，中、下层假山用天然山石堆叠，以体现真实的质感和山石的坚固性，上层结顶用GRC山皮制作，便于悬挑造型和施工，充分发挥了两种材料各自的优势。瀑布分为主、次、配

3部分，主峰高度达28米，瀑布宽18米，瀑水倾泻而下，直落深潭，未见其景，先闻其声，似万马奔腾，响声如雷，有德天大瀑布之气势，主峰北侧瀑水穿吊桥而过，汇入山前大池；南侧瀑布，辗转成溪，三叠而下。旁有山溪跌水，长约50米，溪水随地势形成三跌，分分合合，九转而注入小潭，由于落差不同，水声叮咚，清脆似琴。“花溪”尽头有水源假山，栈桥横波，卵石铺底，雾气弥漫，烟云淡远，似云林笔墨、大痴粉本，有元人山水画之意境。整体假山集瀑布、跌水、溪流、湖潭、喷泉于一体，构成复杂多样的山水景观，是北京地区最大的人工假山瀑布群。

幽州台顶部的六角亭

九、埝坛公园——幽州台歌、水幕电影（2010年）

项目名称：大兴新城滨河森林公园一期工程

项目地点：北京大兴新城中心区

项目性质：新建

项目内容：幽州台歌、水幕电影

项目面积：公园总面积8074亩

假山材料：房山石、GRC山皮

假山吨位：房山石，约2000吨；GRC，约2000平方米

叠山作者：韩雪萍

大兴新城滨河森林公园，位于大兴新城中心区，公园由北京市、大兴区两级政府投资，大兴区水务局负责实施建设。第一期工程是公园南区，也叫作“埝坛公园”，湿地150亩，水面700亩，栽植大量林木，点缀以现代园林建筑，颇有新意。主要景点有林海寻幽、西溪倩影、幽州台歌、水幕电影、双仪花洲等，由北京古典园林设计院设计。幽州台歌的灵感，当来自唐代诗人陈子昂的《登幽州台歌》。

2010年6月，应古典园林设计院之邀，山石韩参加了幽州台歌及溪流的假山的设计和项目投标，为此北京山石韩风景园林工程有限公司专门制作了假山模型。幽州台歌为园中的主要景点，山顶置标志石，上刻“幽州台”3个大字。标志石甲方预先选中了一块，石高3米，长5米，置于山顶尺寸偏小，后山石韩又多方联系寻找，最终在京西房山选中一块，高4.5米，长8.3米，重达90吨，没有增加预算，且有刻字面，安放时又适当抬高基座，使之更加醒目突出。山道以花岗岩砌筑，由于踏跺石阶较长，用山石断续破之，以消除呆板无趣之状。在标志石左侧设计一座六角亭，亭以山石为底座，叠踏跺石数步连通上下。亭后较平，现场置天然石桌凳以全其美，兼具点景和实用之功能。

埝坛景区水系丰富，在大湖中设计有水幕电影，其配套设施激光放映室位于湖中，是一座钢混结构的放映机房，北京山石韩风景园林工程有限公司以GRC山皮装饰建筑，建成海上仙山的意境。接下来又施工了南门障景石，因园在北京正南，此又为园南门，欲寻朱雀图案石以为镇，后多方寻得南阳彩玉石，石纹隐约可见朱雀祥图，石长13米，断为4块，主石长7.8米，保留朱雀图案，其他作为配石组合使用。

范崎路南侧的护坡石假山

十、北京APEC会址（2013年）

项目名称：范崎路景观工程

项目地点：北京怀柔区怀北镇

项目性质：新建

项目内容：山石驳岸、旱溪、路边护坡石、散点

项目面积：全长35千米

假山材料：房山石

假山吨位：约2200吨

叠山作者：韩雪萍

2013年，北京市政府筹备APEC领导人峰会，范崎路作为通往会址的主干道路，被列为APEC峰会的配套项目，因而全面提升改造，将混行单车道改为上下分开通行的双条车道，中间以绿化带隔开，由于这一地区为山区，地形起伏较大，为了挡土护坡，局部以山石堆叠成景，道路两侧新植彩叶树木，形成优美的山间风景大道。

项目由怀柔园林局总体实施，北京市古典园林设计院进行规划设计，施工由北京金都园林和北京市花木公司总承包，北京山石韩风景园林工程有限公司分包了金都园林标段柏崖厂村至泉水头村路段的挡土护坡山石工程；花木公司标段古槐溪语至静思庄垂钓园的山石驳岸、散点和坡岸磴道，以及五道河南岸帐篷、吊床露营景区内泄洪沟的山石驳岸。

由于范崎路改为双向两条道路，因道路拓宽，部分路段是削山而建，形成断崖，原有植物也被破坏，还有滑坡滚石的危险，以山石堆叠处理是最自然、最稳妥的方法。古槐溪语景区，在柏泉大桥的北侧，紧邻五道河，此处原为柏泉村村址，有数百年的古槐一株，沿岸砌毛石挡墙，水际则堆叠山石驳岸，为了体现地域特色，经怀柔园林局推荐，山石采用当地所产怀柔石，石色青白，皮质苍老，形状浑圆，与房山水冲石类似。堆叠方式为跳置散点的断续驳岸，既可节省山石，又富有自然趣味，体现了乡村山野特征。

泄洪渠位于五道河南岸露营景区内，长度约60米，平均宽5米，原是一条自然冲刷形成的排水沟，平时无水，雨季起到泄洪的作用。为了增加景区精致度，设计师将泄洪渠改为跌水小溪，岸边包以山石，溪上架小桥，周边植以花木，由于原水道僵直无趣，堆叠时用山石做了适当的曲折调整，垒山石滚水坝两处，又以山石将涵洞口装饰美化，河底散置山石，模拟枯水河床的景象，使原本无石的荒沟野渠变成景致优美的山间跌溪。

|附录|

附录一　刘敦桢教授致韩良源、韩良顺兄弟信函

韩良源、韩良顺同志：

日前在苏州远东饭店匆匆一面，未及细谈。回南京后看到你们的来信，很高兴，你们两位年纪轻，肯虚心学习，是再好也没有的了。

假山本是从模仿真山而逐渐发展起来的，但人们总不以单纯模仿为满足，而是要创造一些新作品来满足生活中不断产生的新需要。事实上设计人能够掌握的石料、人工、叠山技术、经费和时间都有着一定限度。在有限的物质条件下，要做到假山既像真山，而又富于创造性，可不是一件容易的事情。我建议你们对现存的许多假山，先进行一番研究，辨别哪些是好的，哪些还显不足。然后对较好的实例，多多研究它们的布局与堆砌方法，方能提高自己的工作水平。现在举出几处较好的假山，供你们参考。

一、湖石堆砌的假山

苏州的艺圃与五峰园两处的假山，都建于明代后期，虽经后人修理，大体上仍保持原来的风格。这种风格和我在南京、常熟等地所见的明末清初的假山，没有多大差别。倒是在布局方面有下列几个特点：

1. 假山的形体与轮廓能适应其占地面积之大小与周围之环境。如何处是主峰？何处是次峰？何处宜高？何处宜低？高低之间，如何呼应对照？都经过一番周详考虑。一般来说，假山须以池水衬托，而且主峰不宜位于中央，以免产生呆板的弊病。

2. 明代假山的主体，多半用土堆成，仅在东麓或西麓建一小石洞。如艺圃与五峰园均在山的西麓；南京的瞻园在东北角；常熟的东皋别墅假山虽很小，亦在中点偏西处建一小洞。这种办法既节省石料、人工，山上还可以栽植树木，与真山无异，似乎比狮子林满山都是石洞高明多了。

3. 假山与池水连接处，往往用绝壁。其下再以较低的石桥或石矶做陪衬，使人感觉石壁更为崔嵬高耸，如南京瞻园与苏州艺圃都是如此。

4. 艺圃与瞻园都在绝壁上建小路，可以俯瞰池水，最为佳妙。五峰的路则折入山谷中，谷上建桥，游人自谷中宛转登山渡桥，然后方可至山之顶点。这种构图完全从我国传统的山水画脱胎而来，表现了我国园林与绘画的密切联系。

5. 山腰与山顶往往建有小平台，以便休憩、眺望。

6. 岩山上树木较多，可在山顶建亭，否则亭子应建于比主峰稍低处，以免过于突出而少含蓄。

在假山堆砌方面，其手法亦有几个特点：

第一，山之石必须富于变化，但何处用横石？何处用斜石？何处用竖石？宜有一个整体观点，要从山的整个形体来决定，不是临时凑合，建到哪里砌到哪里。狮子林的砌石，大多属于失败的例子。

第二，邻接的石块，其形状与纹理应大体一致，才能相互调和，不致产生生硬的毛病；但过分调和，又产生平凡的缺点。所以必须在统一调和的原则下，形成一定程度的变化。如路旁成排的石头，有时故意选择形体不同或高低不等的，使其产生对比作用。而危崖绝壁，也不是一直上升，有时候故意将一部分石块向外挑出或收进，或作灵活生动的转折。为了达到这个目的，大石头之间往往夹用小石，凸石之间杂以凹石；横石之间安插若干斜石，方与真山无异。

第三，明代的石岸与石壁，往往仅用普通湖石堆成，但石与石间，有进有退，相互岔开，远望似有空洞，实际上只是凹入处的阴影而已。如艺圃与五峰园都如此，似乎清代用透空的湖石，更为大方坚固。

第四，如有山谷或瀑布，其两侧所用之石，必是一大一小，一高一低，相互错落有致，但错落中又有宾主之分。最忌用石大小相同，高低一致，则了无生趣。

第五，山路的起点与转角处，所布之石虽可偶用横石或斜石，但多数用体积稍大而形状较复杂的竖石，有如画龙点睛，使游人至此精神为之一振。不过桥的两端多用横石和斜石，其体量亦较小。

清代用湖石堆砌的假山，苏州汪义庄（即环秀山庄）最为杰出。但经仔细研究，此山在南侧造临池石壁，壁下有路，转入山谷，再由谷内升至山上，而谷上有两处架设石桥，仍然从明代假山变化而来。不过它用3个山谷攒聚于山的中点，石壁也较高峻峭削，山上路线上下盘环，也较复杂，可称为别出心裁的佳作。可惜后人于修理时，将石缝抹得太宽太厚，以致原来的面貌受到一定的损失。只东南角靠墙处，及山上已死的枫树下，还保存两段未曾勾抹的石山，可看出原设计者戈裕良运用石料形体与纹理的高超技巧，令人十分佩服。

此外无锡寄畅园池北的假山西侧，在登山的石路旁，也保存了一段未经修改的假山，其构图十分生动自然，希望你们能去研究研究。

二、黄石堆砌的假山

这类假山以上海豫园的黄石山规模最大。此山仅在东北角建石洞一处，其主峰位于中央偏西处，下为山谷，架二桥于山谷及小溪上，再在山上点缀绝壁与平台数处，不仅气势浑雄，其叠石方法也富于变化，真当得起“气象万千”4个字。惜此山之东南角与西南角为后人添，山上之石亦有不少业经修改，不是百分之百的面貌。

其次，苏州留园中部的假山，在靠水池的西、北两面，留下了一部分黄石堆砌的假山。又如涵碧山庄（即留园）西北隅，有几段石山与石路就堆砌得很好，可惜近年来被抹上白色灰缝，很不协调。

此外，无锡寄畅园东北角的八音涧，用大块黄石堆砌成曲折的石谷，构图甚为奇特，砌法亦很大胆且自然，也是一个杰作。如果拿八音涧与留园西部枫林下的石路相比较，我想不难了解堆砌黄石的方法了。

黄石色泽自淡至赤黄，亦有多种变化。因系火成岩构成，故质地较湖石坚硬，外形挺多棱角，宜构气势雄健之岗峦。但其使用之原则，与湖石几无二致，故不赘述。

目前国内黄石假山较著名之实例，除上述者外，尚有扬州个园中四季假山之秋山，该山位于园内东区，体积甚大，中构石窟，并有磴道上至山顶，顶上另建一亭。山体石多土少，草木甚稀，亦为一般黄石山之特点。苏州拙政园中部二岛，叠以黄石，但石间杂土，故竹木芦苇得以自生，顿生野趣。其登山道与道侧，皆置黄石。手法与留园西部雷同，内中且不乏佳作。

使用黄石时，最好不要同时掺砌湖石，以免格调不一致。使用湖石时，自然亦同此理。二石混用之例虽偶一见之，但未有成功者。

现在国内重视文物保护，不但正在修理各处已存的古代假山，今后为了绿化城市起见，各地还要新建一些新的假山，真是一个发挥这方面创造力的绝好机会，希望你们多多研究，多多努力，为祖国建设做出更大贡献。

此致

敬礼

刘敦桢

1957年11月30日

注释：

[1] 此信写于1957年11月30日，被收入《刘敦桢文集》第四卷，第130页。刘敦桢（1897.9.19—1968.5.10），现代建筑学、建筑史学家，中国科学院院士（学部委员），字士能，号大壮室主人。湖南新宁人。1921年毕业于日本东京高等工业学校（现东京工业大学）建筑科。南京工学院（现东南大学）教授。中国建筑教育及中国古建筑研究的开拓者之一。毕生致力于建筑教学及发扬中国传统建筑文化。曾创办我国第一所由中国人经营的建筑师事务所。长期从事建筑教育和建筑历史研究工作，是我国建筑教育的创始人之一，又是中国建筑历史研究的开拓者。为对华北和西南地区的古建筑调查，以及对我国传统民居和园林的系统研究方面，奠定了主要基础。曾多次组织并主持了全国性的建筑史编纂工作，出版了《苏州古典园林》等颇有影响的专著。1955年被选聘为中国科学院院士（学部委员）。

附录二　秀野园与山石韩

韩雪萍

木渎为吴中第一古镇，迄今已有2500多年历史，这里人文荟萃、英才辈出、物产丰富、风景秀丽。秀野园原址位于木渎古镇灵岩山西麓，复建于胥江运河支流香水溪北岸，东为沈寿故居，西为明月古寺。秀野园始建于明崇祯四年（1631年），为东林党人王心一别墅。王心一，字玄珠，万历癸丑进士，天启初因弹劾宦官魏忠贤，被削籍遣归，先于苏州城内建“归田园居”，即现拙政园之东半园，仍嫌城中烦嚣、入山不深，遂于木渎灵岩之西筑秀野园。

清初秀野园为顾嗣立所得。顾嗣立，长洲（今苏州）人，字侠君，生于书香门第，为漕运总督徐旭龄婿，好读史、擅辞赋，于园中自营读书之轩，名“秀野草堂”。康熙三十五年（1696年），顾嗣立赴京师会试，寄居宣武门外西上斜街，住所周围，花木“萧疏可爱”，顾嗣立因之想起家乡的秀野草堂，便将住处命名为“小秀野草堂”，清代画家王原祁还专门为其画过一幅《秀野草堂图》。后来，顾嗣立辞官归乡，编纂、刻印《元人三百家诗集》，耗时30年，并为之荡尽家产，所谓“读书曾破万黄金”即言此。秀野园第三位主人是韩璟，韩璟号栖碧山人，清康熙、雍正年间人，隐居木渎，笃修禅法，谓“乐道而忘饥”，故易园名为“乐饥园”，有秀野草堂、桐桂山房、乐饥斋诸胜。乾隆时，落第秀才徐士元将秀野园与东壁小隐园合而为一，名“虹饮山房”，增建戏台以娱亲老。乾隆六下江南，四游木渎，曾到虹饮山房看戏，现舞彩堂中珍藏一把紫檀龙椅，相传为当年乾隆南巡时的圣驾御座。彼时皇上驻跸于灵岩山馆，随驾大臣则下榻虹饮山房。刘墉当年曾两宿于此，与园主徐士元品诗论画、烛谈甚欢，今大门上“虹饮山房”、中路花厅“舞彩堂”、花厅内“程子四箴”匾额，均为刘墉手笔。

道光年间，山石韩先人居于苏州木渎古镇，以山货、茶肆起家，至高祖韩兴宗，又开办了米酱行和船班，由于经营有方、价格公道，家境颇为殷实。高祖乐善好施，曾捐资修缮灵岩山西麓韩蕲王庙、宝藏庵和西津桥。时秀野园已散为民居，山石坍覆，花木凋零。高祖耽爱园林、痴情花木，便将园址买下，又请画家山僧几谷为之设计，邀请香山匠人进行修葺，诛茆构宇、浚池架桥、立石叠山、艺花莳卉，汇园林之胜景，复“秀野”之旧名。曾祖韩恒生时值少年，性爱花鸟泉石，终日穿梭于营造现场，搬石锯木、挖土种花，游戏于工匠、花农之间，其与山石之缘盖始于此。咸丰十年（1860年）春，太平军李秀成率部攻打苏州，高祖携家避居太湖之冲山，家资商货皆被太平军劫掠，园中屯兵养马，损毁严重，又强征韩家驳船、山船运送粮草辎重。同治二年（1863年），李鸿章率淮军收复苏州，高祖获罪，妻离子散，秀野园被稽没。韩恒生逃入尧峰山，寄身于寿圣寺，以掘卖鸭踏岭文石糊口，后于寺中偶遇县丞裘万青。裘与韩家为世交，怜其境遇，念于旧情，遂荐入府衙，掌管花木营造之事。光绪年间，曾祖购置山塘街前小郏弄房产，专营造园叠山之业。由于曾祖能诗善画，又博采众长，其造园叠山之技日精，非一般工匠能望其项背，故有“山石韩”之名号，后与北方之“山子张”合称为“南韩北张”。

2000年，我公司承接了苏州宝岛花园景观工程，曾专程去木渎灵岩山西寻找秀野园，但年代久远，踪迹无循。2001年，木渎镇政府大力美化城市环境、发展旅游产业，筹款600万元，将香水溪畔吴县粮食储运库搬迁，又斥资2270万元，将秀野园、古戏台、小隐园联合复建，以“虹饮山房”总名之。时园内池水淤塞，杂草丛生，建筑倾斜，门窗尽失，有的房子甚至连屋顶都没有。当时父亲已从钓鱼台国宾馆退休回到苏州，应虎丘镇之委托，设计古茶花村定园，并堆叠园内的假山，木渎镇政府听说后大喜过望，当即派人找到父亲说明来意，父亲欣然同意。次日镇政府派车将父亲接到木渎，察看现场，了解图纸，并与设计人员研究修复方案。主管文化、旅游的副镇长周菊英对我父亲说：“韩老，秀野园曾是您家的宅园，您可要下点功夫啊！”父亲回答：“周镇长，您放心，别说是复建我家的老宅，就是其他园子需要我叠山，我也会竭

韩良顺、华娇美、韩雪萍在秀野园

尽全力把假山做好，为家乡的发展出一份力。”考虑到父亲当时已经68岁高龄，镇政府专门租了一辆小车，每天接送父亲往来工地。秀野园假山用石采自安徽广德太极洞一带，由父亲亲赴山中采石现场挑选。6月中旬准备工作就绪，假山正式开始堆叠，当时东邻沈寿故居也在进行修复，得知秀野园是山石韩第三代传人在叠山，他们常跑来观摩取经、拍照记录。经过一个多月的紧张施工，秀野园假山于7月底顺利完成，父亲在此倾注了全部的精力和感情。工程竣工后，父亲由于劳累过度，发生脑栓塞，行动不便，之后就再也没有堆叠过假山，秀野园成为父亲的收山之作，这也许就是天意。2002年秋，虹饮山房整修完毕，开始向公众开放。

复建后的秀野园，基本还原了清初时的面貌，园中央是羡鱼池，周围环列秀野草堂、乐饥斋、蕉绿轩、竹啸亭、野人舟、笠亭和羡鱼亭，

蕉绿轩、笠亭和小石桥

有湖石假山一座、供石6尊，楼台相望、山石争奇、古木参天、莲荷竞碧，正如清人韩是升所言“溪山风月之美，池亭花木之胜”，远胜于他园。虹饮山房沿街西墙上，辟有秀野园大门，现门厅租予卖乌米饭商家，“秀野园”砖雕门额，也被商户招牌遮蔽，此情此景，令人唏嘘。如今，园内桐桂山房为“科举制度馆”，北楼为木渎“圣旨珍藏馆”，圣旨展厅二楼是古代官员的朝服展览。2017年，笔者曾联系木渎有关方面，希望能在秀野园中再开辟一处“山石韩造园叠山展览”，作为秀野园园内展览的一部分，但由于该园已由企业承包经营，至今尚无结果。如果能得到有关方面的支持，既能够为景区增加新的内涵，又可以让游客了解一些造园叠山的知识，同时又促进了传统技艺的传播和发展，岂不是一举三得的好事。

参考书目

［清］屈大均：《广东新语》，康熙三十九年（1700年），线装木刻本。

［汉］刘歆：《西京杂记》，乾隆间照旷阁版，线装木刻本。

［清］张潮：《虞初新志》，小娜嬛山馆藏版，咸丰元年（1851年），线装木刻本。

《南宋文录录》光绪十七年（1891年），线装木刻本。

《拾宫之图》清刊，线装木刻本。

［清］阮葵生：《茶余客话》清刊。

［清］吴伟业：《梅村家藏稿》清刊。

［清］戴名世：《南山全集》清刊。

［清］王士祯：《居易录》清刊。

［明］李日华：《六研斋三笔》，民国有正书局，影印线装本。

民国陕西通志馆：《关中胜迹图志》，线装排印本。

［清］顾文彬：《眉绿楼词》，光绪十年（1884年），线装木刻本。

［元］陆友仁：《吴中旧事》，苏州文学山房，清光绪十七年（1891年），线装木刻本。

［明］陶宗仪：《说郛》，民国八年（1919年）涵芬楼藏版，线装排印本。

李根源：《吴县志》，苏州文新公司承印，民国二十三年（1934年），线装排印本。

王璧文：《中国建筑》，国立华北编译馆，民国三十二年（1943年）版。

王至诚：《中国山石艺术与施工》油印本，1960年。

［清］郭庆藩撰：《庄子集释》，中华书局1961年版。

鲁迅：《集外集拾遗》，人民文学出版社1973年版。

曹汛：《清代造园叠山艺术家张然和北京的“山子张”》，《建筑历史与理论》1979第二集，清华大学建筑工程系。

陈植、张公弛、陈从周：《中国历代名园记选注》，安徽科学技术出版社1983年版。

［明］文震亨著，陈植校注：《长物志》，江苏科学技术出版社1984年版。

陈从周：《说园》，书目文献出版社1984年版。

童寯：《江南园林志》，中国建筑工业出版社1984年版。

［宋］周密：《癸辛杂识》，中华书局1988年版。

蒋星煜：《中国隐士与中国文化》，上海三联书店1988年版。

陈从周：《中国园林》，广东旅游出版社1996年版。

［明］袁宏道，熊礼汇选注：《袁中郎小品》，文化艺术出版社1996年版。

［汉］司马迁：《史记》，上海古籍出版社1997年版。

［宋］郭熙：《画训》，《美术丛书》第二册，江苏古籍出版社1997年版。

陈从周：《梓室余墨》，生活·读书·新知三联书店1999年版。

丁文父等：《御苑赏石》，生活·读书·新知三联书店2000年版。

童寯：《童寯文集》（三），中国建筑工业出版社2000年版。

喻学才：《韩良源——中国当代的叠山名匠》，《华中建筑》2002年第5期。

周振甫译注：《诗经译注》，中华书局2002年版。

临朐县博物馆：《北齐崔芬壁画墓》，文物出版社2002年版。

《管子·形势》，《诸子百家名篇鉴赏辞典》，上海辞书出版社2003年版。

《论语浅悟》，齐鲁书社出版社2004年版。

［明］黄省曾：《吴风录》，苏州文献丛钞初编，王稼句，古吴轩出版社2005

年版。

翁经方、翁经馥编注：《中国历代园林图文精选》（二），同济大学出版社2005年版。

杨光辉编注：《中国历代园林图文精选》（四），同济大学出版社2005年版。

喻学才：《中国历代名匠志》，湖北教育出版社2006年版。

［南朝宋］刘义庆：《世说新语校笺》（修订本），中华书局2006年版。

卢瑞云：《韩良源：修复假山中的“李、杜”》，《中华遗产》2008年第9期。

周向频、陈喆华：《上海公园设计史略》，同济大学出版社2009年版。

贾珺：《北京私家园林志》清华大学出版社2009年版。

《历代小品妙语》，崇文书局2010年版。

韩良顺：《山石韩叠山技艺》，中国建筑工业出版社2010年版。

何寅平：《84岁老人仍在堆假山》，苏州《现代快报》2011年4月28日。

赵炜：《韩良源：让叠山在园林中大放光彩》，《城市商报》2013年7月7日。

檀馨：《梦笔生花》，中国建筑工业出版社2014年版。

韩建伟、韩振书：《山鉴》，北京燕山出版社2014年版。

韩建伟：《山水经》，中国建筑工业出版社2016年版。

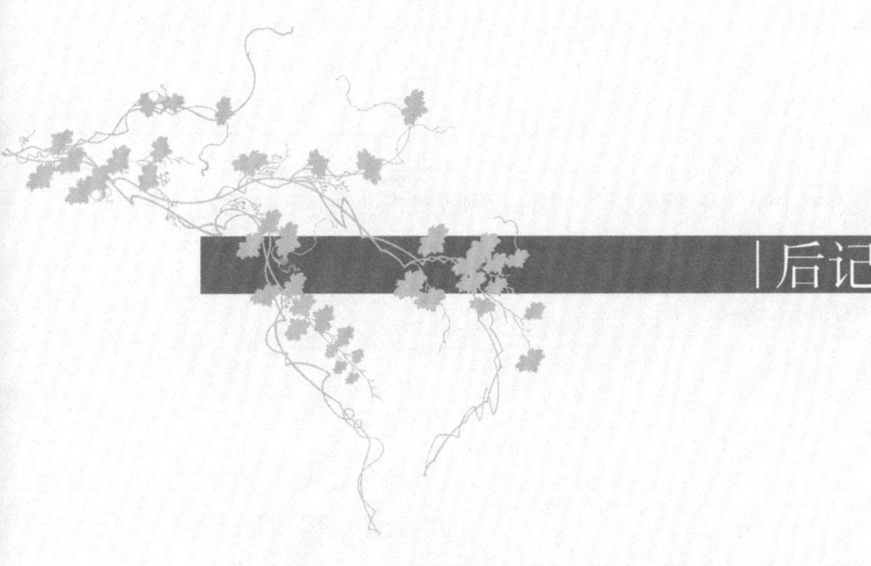

后记

文化是一个民族的根本属性和标志。叠山之艺，与很多中国传统技艺一样，都是易学难精，如中医、武术、烹饪、围棋、书法、绘画等，究其原因，大多只能意会，不能言传，学习者必须要在掌握一定理论的基础上，通过大量实践才能体会其中的奥秘。因此，记录和传播这些传统技艺，使更多的人知道它、了解它、喜欢它，最终使有志于此的人学习它、传承它，才能使我们的文化代代相传、生生不息。北京美术摄影出版社的这套丛书，不是时髦的潮流杂志，不是消遣的通俗读物，甚至不是一般的科普书籍，它的意义在于为我们留下了民族的基因，保存了文化的种子，为传统技艺保留了一个火种，能参与这样一个功在当代、利在千秋的事业，我倍感荣幸和自豪。

在本书的写作过程中，我父亲韩良顺、叔叔韩良玉、兄长韩建中、堂兄韩啸东为我提供了一手资料；为了保证图片的准确和新鲜，冷雪峰拍摄了大量精美的照片，并且为本书画了说明插图；在体例编排上，石馆长给予细致的指导；北京林业大学毛培琳教授对本书提供了建议和资料。在此，还要特别感谢北京市园林局和前局长强健先生，在“山石韩叠山技艺”申请北京市级非物质文化遗产时，他们给予大力支持和热情帮助，在此一并表示衷心的感谢！

本书由于涉及年代久远、事件人物较多，难免有不准确之处；书中的理论观点也仅是我个人的一家之言，谬误之处，欢迎广大读者指正。

韩雪萍

2020年9月